课本里学不到的

疯狂科学实验

测量与比较

段伟文　主编

中国科学技术出版社
·北　京·

图书在版编目(CIP)数据

课本里学不到的疯狂科学实验. 测量与比较 / 段伟文主编. -- 北京：中国科学技术出版社，2022.10
ISBN 978-7-5046-9800-1

Ⅰ. ①课… Ⅱ. ①段… Ⅲ. ①科学实验–青少年读物 Ⅳ. ①N33-49

中国版本图书馆CIP数据核字（2022）第164825号

前言

科学素质是公民素质的重要组成部分，也是少年儿童成长为合格公民的必备素质。科学素质的基础是了解必要的科学技术知识，掌握基本的科学方法，树立科学思想，崇尚科学精神。科学素质的培养要从娃娃抓起，为了成长为建设创新型国家的主力军，广大少年儿童不仅要掌握必要的和基本的科学知识与技能，还要积极开展各种生动有趣的科学实验，从中体验科学探究活动的过程，培养良好的科学态度、情感与价值观，将自己造就为具有创新意识、探究兴趣和实践能力的有用之才。

科学探究的动力来自人们对自然界与生俱来的好奇心。边缘长满小齿的草叶让鲁班发明了锯，头顶上的浩瀚星空使托勒密和哥白尼想到了宇宙体系，对教堂里吊灯微微摆动的关注使伽利略发现了单摆的等时性，对苹果落地的好奇让牛顿找到了万有引力，对孵小鸡都感到新奇的好奇心让爱迪生给人类带来了电灯、留声机等数以千计的发明。利用自然的力量造福人类的理想，为我们带来了日新月异的科技文明。作为现代文明标志的电话、电视、汽车、计算机，无一不是科技的力量与人类的目标相结合的产物；绿色能源、深海潜水、载人航天的成功，无一不是创新与人类的需要相互激荡的结果。

科学并不神秘，更没有什么代表科学力量的“魔法石”，科学的本质在于好奇心和造福人类的理想驱使下的探索和创新。大自然喜欢隐藏她的奥秘，往往不直接回应我们的追问，但只要善于思考、勤于动手、大胆假设、小心求证，每个人都能像科学大师一样——用永无止境的探索创新来开创人类的文明。

小朋友，快快翻开这套书，用你们与生俱来的好奇心和造福人类的纯真理想开创一条探索创新之路吧！

目录

你知道空气中含有多少氧气吗？

你知道为什么铁在空气中放久了，表面会覆盖一层红褐色的物质吗？其实，这是空气里的氧气和水蒸气在“作怪”。铁在潮湿的空气中能与氧气发生化学反应，这种反应叫作缓慢氧化。铁表面的红褐色物质就是这种缓慢氧化的产物，我们通常称之为铁锈。我们还知道空气的成分非常复杂，并不是只有氧气。既然这样，我们来检测一下空气中氧气的含量吧！

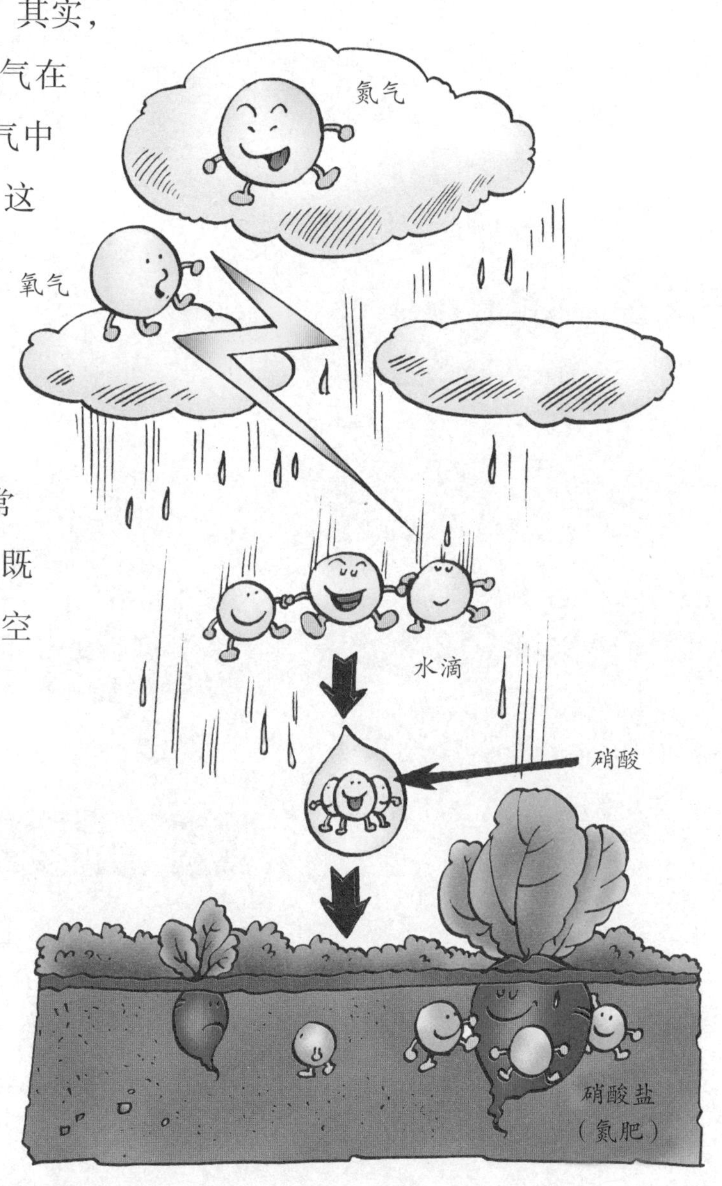

·探索主题·

空气中含有多少氧气

提出假说

空气中的氧气约占空气体积的1/5。

搜集资料

到图书馆或上网查找氧气、缓慢氧化的相关资料。

实验材料

1. 若干细铁丝
2. 一张砂纸
3. 一支试管或透明的玻璃药瓶
4. 水
5. 胶带
6. 刻度尺
7. 木条、火柴
8. 一个大烧杯

安全提示

1. 不要让铁丝扎伤手指。
2. 不要打破玻璃容器。
3. 点燃木条时应该请家长帮忙。

·实验设计·

铁在潮湿的空气中，由于受水、氧气等物质的作用，表面很容易生成铁锈。由于铁生锈时，消耗的只是空气中的氧气，因此，可以通过铁生锈时空气体积的减少，来验证氧气约占空气体积的1/5。

实验程序

1. 将细铁丝用砂纸磨光后稍稍润湿，然后塞进试管底部。
2. 向大烧杯中加水，把试管倒置插入大烧杯中，用刻度尺测量试管中水面的高度并记录下来。
3. 用胶带把试管固定在大烧杯上，这样试管就不会倒下来。
4. 每隔几小时观察一次实验现象。
5. 一个星期以后，观察铁丝表面生成的铁锈，并记录试管内水面的高度，你会发现水面上升的高度约为初始试管中空气部分的1/5。
6. 为了验证试管中的氧气耗尽了，可以把试管缓缓移出水面，并用手指堵住试管口，迅速把点燃的木条伸进试管中，如果木条熄灭，则证明试管中的氧气已经耗尽了。

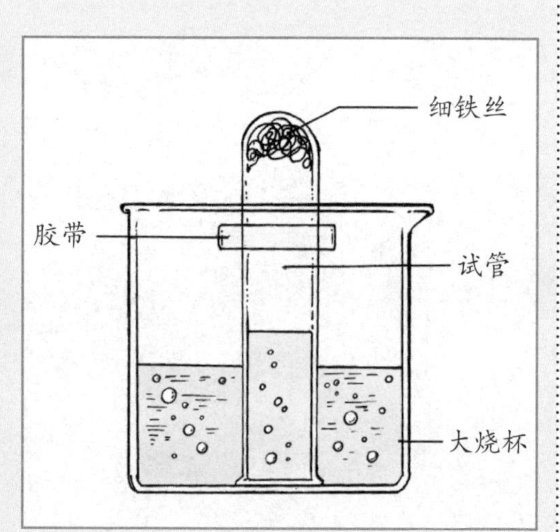

实验数据

时　间	现　象	试管中的水面高度	空气中氧气的体积比例

分析讨论

1. 铁为什么会生锈?
2. 通过实验你得出了什么结论?

发散思考

1. 验证氧气占空气体积的1/5的方法有很多，你能自己设计几种方案吗？
2. 为什么一个星期以后水不能充满试管？占试管大部分体积的气体是什么？
3. 试管中剩余的气体能支持燃烧吗？

你知道吗？

氮气是空气中含量最多的气体，著名科普作家高士其曾在一首名为《空气》的科学诗中写道：

“植物说：

空气啊！我们需要你的氮，

你的氮占你全部的百分之七十八。

它虽然不大活泼，

许多化学反应都不肯参加；

但它却是生命的基石，蛋白质的主要成分。

我们有些植物会利用游离的氮，

把它固定起来做我们的滋养料。

可见，氮气也是很重要的。”

利用氮气“孤独”的性格，可以用它做保护气。例如，很多电灯泡里都充有氮气，用以减慢钨丝的氧化速度，使电灯泡经久耐用。为了防虫蛀，贵重而稀有的画页、书卷也常采用充氮包装。

氮气在高温或放电的条件下也能和其他物质发生化学反应。在自然界，打雷时，空气中的氮气、氧气之间相互反应生成二氧化氮，几经周折就能转变为如珍似宝的氮肥。每年因雷雨而落到大地怀抱中的氮肥约有4亿吨。这些天然的氮肥使地球上的植物能茁壮生长。

测量空气中二氧化碳的含量

二氧化碳在空气中的含量一般为0.03%，地球上有很多能引起二氧化碳含量变化的因素：人和动物呼出二氧化碳，汽车尾气排放二氧化碳，植物光合作用吸收二氧化碳。那么，二氧化碳的含量会发生变化吗？有人说不会，因为吸收和释放是保持平衡的，不然空气的组成就不会稳定；有人说会，温室效应就是二氧化碳含量发生变化的证据。你对这个问题怎么看呢？不如我们自己做个实验来估测一下空气中二氧化碳的含量吧！

光合作用

下图为植株光合作用的示意图。碳水化合物产生并被植株存储或利用。

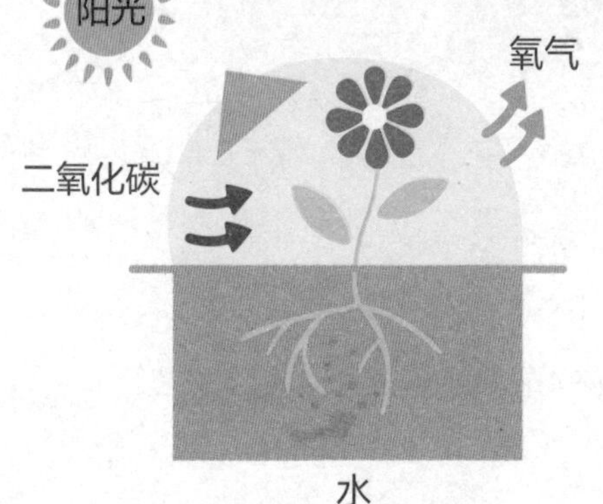

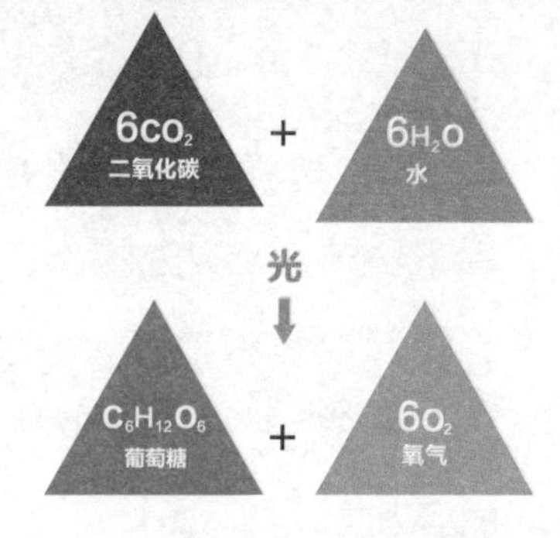

·探索主题·

空气中二氧化碳的含量是否有变化

提出假说

根据自己的认识提出假说，用实验来验证自己的假说是否正确。

搜集资料

到图书馆或上网查找二氧化碳、含量的相关资料。

实验材料

1. 500 毫升的烧杯
2. 酚酞溶液
3. 稀氨水
4. 50 毫升的注射器
5. 细口瓶
6. 玻璃管

安全提示

1. 氨气有刺激性气味，不要直接闻氨气的气味。
2. 取下注射器针头时要小心，避免扎伤。
3. 在家长的指导下做实验。

·实验设计·

我们选择不同的地方（如空旷的操场、学校里通风良好的教室、刚下课窗户紧闭的教室、植物园等），在不同的时间（如清晨、中午、傍晚、睡觉前等），以酚酞溶液为指示剂，通过二氧化碳和氨水的反应来测定空气中二氧化碳的含量，通过比较、分析，得到符合实际的答案。

实验程序

❶ 在500毫升烧杯里加入400毫升水，滴入3～5滴酚酞溶液，搅拌均匀。

❷ 在烧杯中加入几滴稀氨水，直至溶液呈浅红色。将所得的溶液保存在密封的细口瓶中。

❸ 从细口瓶中取出10毫升溶液，通过玻璃管向溶液中吹气。你会观察到溶液的浅红色将逐渐消退。想一想，这个现象说明了什么问题?

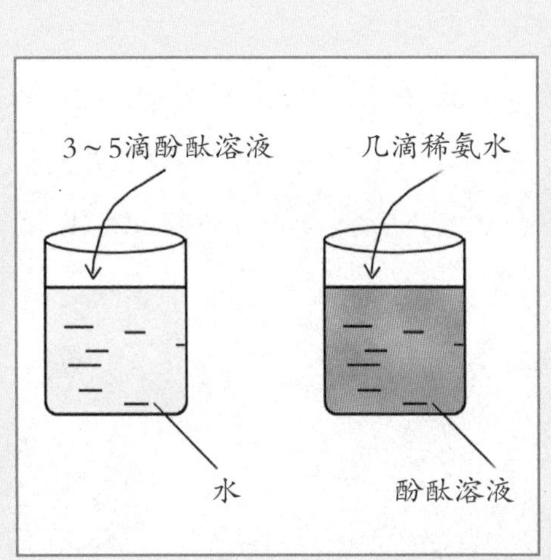

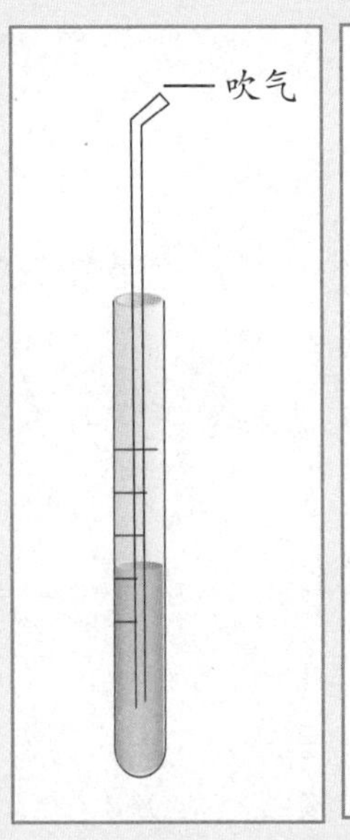

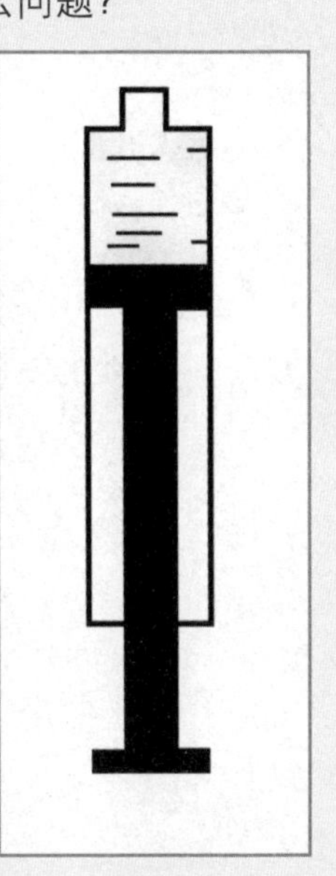

❹ 用50毫升的注射器从细口瓶中吸取10毫升溶液，再在空旷的操场抽气至50毫升刻度，用物体堵住注射器吸口，用力振荡注射器2～3分钟，然后将注射器吸口朝上，小心地将余气排出（注意：不要将溶液排出）。重复实验，直到溶液变为无色。记下抽气次数。

❺ 选择不同的地段，在不同的时间，重复步骤4，分别记下抽气次数。

❻ 假设中午时空旷的操场空气中的二氧化碳含量为0.03%，以此作为标准，分别计算其他地段空气中二氧化碳的含量。

· 实验数据 ·

地　点	抽气次数	二氧化碳含量		
		清　晨	中　午	傍　晚
空旷的操场			0.03%	
植物园				
刚下课窗户紧闭的教室				
通风状况良好的教室				

分析讨论

在这个实验中，我们以酚酞溶液作为指示剂，通过二氧化碳和氨水的反应来测量二氧化碳的含量。酚酞溶液有一个特性：它遇到碱性溶液会变红，而在中性和酸性溶液中是无色的。所以当我们在酚酞溶液中滴加稀氨水（步骤2）时，溶液会变红。在步骤3中，我们向瓶中吹气，也就是吹入二氧化碳，则二氧化碳会和氨水发生酸碱中和反应，当二氧化碳把氨水中和以后，溶液就变为无色了。我们就是用这种方法来测量二氧化碳含量的。

发散思考

1. 我们用的注射器是50毫升的，每次取10毫升溶液，想一想，所取溶液的量对实验结果有影响吗?
2. 对你所测的结果进行分析，能得出什么结论？写一篇研究报告，并与其他同学进行交流。

大地在说话

在过去的战争电影中，有时能看到侦察兵把耳朵贴在地上，然后就能判断出远方敌人的行踪。难道大地把敌人的踪迹告诉他们了吗？是啊！大地在说话，它在传递远方的消息。

也许你有过这样的体验，一层的人敲打暖气的管道，你在三层一样可以听到。这与大地传递消息的原理是一样的。固体也是能够传播声音的，而且固体能够更快更清晰地传播声音。

· 探索主题 ·

声音在许多固体中传播的速度比在空气中更快

提出假说

声音的传播是需要媒介的。同样的声音，通过空气传播或通过液体传播时，它的速度往往慢于通过固体传播。因为固体分子间的距离比气体和液体的都小，所以它能够更快地传播声音。而金属则是最佳的声音导体，它不但能够快捷地传递声音，而且传得更为清晰。

搜集资料

到图书馆或上网查找固体传播声音的特点的相关资料。

实验材料

1. 1把10厘米长的木尺
2. 1把10厘米长的钢尺

· 实验设计 ·

在同样的距离用空气和固体传播同样的声音，对比两次实验中声音的差别。然后换不同的材料，做同样的实验，对比声音传递的差别。

实验程序

1. 在一个安静的实验环境中，把木尺放在离耳朵1厘米远的地方，用指甲轻叩远离耳朵的一端，听声音。
2. 把木尺放在离耳朵11厘米远的地方，用指甲轻叩离耳朵近的一端，听声音。
3. 换钢尺，重复上面的两个步骤。
4. 注意，每次实验最好把手都抬到同一高度，不同的尺子与耳朵的距离相同，增加实验的可比性。
5. 将每次实验所听到声音的清晰情况进行比较，将结果填入实验数据表格。

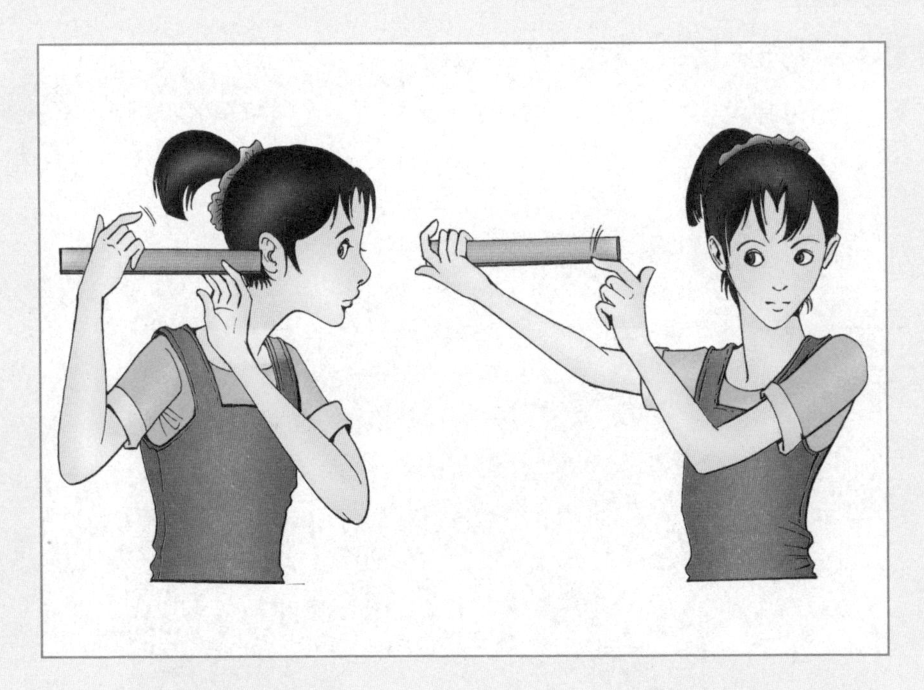

· 实验数据 ·

尺子类型	离耳朵1厘米处	离耳朵11厘米处
木尺		
钢尺		

分析讨论

1. 同样的声音，固体与空气谁的传播效果更好？
2. 为什么金属的传播效果比木头好？

发散思考

1. 不同的金属传播效果是一样的吗？
2. 你能解释为什么不同材料对声音的传播效果不一样吗？

“土电话”的奥秘

你肯定经常和你的朋友通电话。家里的电话是现代化的，那你玩过自制的“土电话”吗？用粗棉线拴上两个纸盒，将粗棉线绷紧，一个人对着纸盒讲话，另一个人把纸盒贴在耳朵上，就能听到声音了。你想探索一下其中的奥秘吗？下面我们就动手研究一下“土电话”中“电话线”的作用，并对不同材料做成的“电话线”进行一下比较。

探索主题

声音的传播

提出假说

声音可以在多种介质中传播，包括固体、液体和气体。这个实验说明了固体是能够传播声音的，那绷紧了的棉线就是传播声波的介质。

搜集资料

在图书馆或上网查找关于声音传播的资料。

实验材料

1. 一段棉线
2. 透明胶带
3. 一面很轻、很小的镜子
4. 一把椅子
5. 纸盒（较大）
6. 细铜丝、细尼龙线、细钢丝（琴弦）各一段

安全提示

1. 小镜子要粘牢，以免掉下来摔碎，扎伤同学。
2. 椅子要放稳。

·实验设计·

找一段棉线，在棉线的中间用透明胶带牢固地粘上一面很轻、很小的镜子，将棉线的一端拴在椅背上（或由一位同学拉住），棉线的另一端穿过并固定在一个较大的纸盒上。拿稳纸盒，把棉线绷紧，让阳光照到镜子上，使镜子的反射光斑映到墙上。棉线绷紧后，镜子渐渐稳定，它反射出来的光斑也就不再晃动了。敲一下纸盒，纸盒会发出声响，与此同时你会看到镜子反射出的光斑晃动了，它上下左右地晃着。

·实验程序·

1. 把一把椅子放在离墙不远的太阳光下。
2. 把棉线的一端拴在椅背上，在棉线的中间位置将透明胶带与小镜子的背面牢固地粘在一起，注意要让小镜子的正面对着太阳，再把棉线的另一端固定在大纸盒上。
3. 拿稳纸盒，把棉线绷紧，让阳光照到镜子上，镜子的反射光斑会映到墙上。
4. 待光斑不再晃动时，用手敲一下纸盒。
5. 听一听纸盒发出的声响，观察墙上光斑的晃动情况。
6. 重复步骤4和步骤5两次，并逐步加大敲击的力量。
7. 分别用细铜丝、细尼龙线、细钢丝（琴弦）替代棉线，重复步骤1—6。

· 实验数据 ·

敲击纸盒（用力程度）	光斑的晃动程度
第一次（小）	
第二次（中）	
第三次（大）	

分析讨论

1. 实验中没有太阳光可以吗？能不能用其他光源代替太阳（比如手电筒）？为什么？
2. 实验中镜子的作用是什么？
3. 如果棉线绷不紧，会产生什么结果？光斑还会动吗？

发散思考

1. 光斑不停晃动的现象说明了什么？
2. 你能说出“土电话”的奥秘吗？

这真是我自己的声音吗

把自己的声音录下来，然后再播放给自己听，你有什么感觉？几乎每个人都会说："这录音机的质量太差了，一点儿都不保真，根本不像我说话的声音！"其实，这声音千真万确是我们自己的原声。

如何解释这个现象呢？我们先来了解一下人类耳朵的构造。

人类的听觉器官——耳朵，可分为外耳、中耳和内耳三大部分。

外耳由耳郭和外耳道组成，外耳道直通鼓膜。其作用是将声音由耳郭传到鼓膜。

中耳由鼓膜、听小骨和鼓室构成。中耳内的三块听小骨将鼓膜感觉到的振动传到内耳入口处的卵圆窗膜上。

内耳是听觉的主要部分，由耳蜗等结构组成。耳蜗的外形酷似蜗牛壳，其内部充满了淋巴液。中耳内听小骨的振动引起卵圆窗膜的振动，产生波，并通过淋巴液传播。当耳蜗中的听觉神经因振动被激发时，就会向大脑发出脉冲，进而产生听觉。

我们听到的自己的声音和别人听到的区别很大，原因就在于：我们听到的自己的声音，不仅有在空气中传播的声音（蓝色声波），而且还有发声时口腔、鼻腔、脑腔中共振的声音（红色声波）。而别人听到的声音只有在空气中传播的声音。

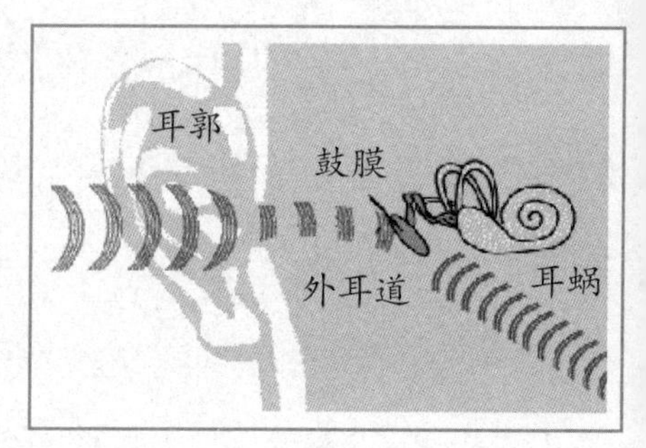

探索主题

声音的传播

搜集资料

到图书馆或上网查找有关耳朵的构造、声音的传播、振动的资料。

提出假说

声音不仅可以在空气中传播，而且还可以通过骨骼、肌肉进行传播。

安全提示

1. 实验中，用手指将细绳贴在耳朵内时，要小心，不要用力过大，因为耳朵是非常柔弱的，容易受伤。
2. 此实验一定要在老师或家长的指导下完成！

实验材料

1. 一些细绳
2. 一把音叉（也可以用餐叉代替）

实验设计

利用细绳将音叉振动产生的声波通过不同的途径传递到耳中，比较我们在听觉上的不同感受。

·实验程序·

1. 把细绳中部系在音叉中间的平衡点上（如下图所示），尽量保证绳子的长度要长一些。
2. 将细绳两端分别系在自己的两根食指指尖上，要让左手和右手指尖上的绳子长度相差不多。这一步可以请同学或家长帮忙完成。
3. 用音叉的叉尖敲击桌面或墙壁，仔细听音叉振动发出的声音。
4. 将系有细绳的食指贴在自己的双耳内（注意：要小心，不要用力过大）。
5. 重复步骤3，比较此时听到的声音和刚才有什么不一样。

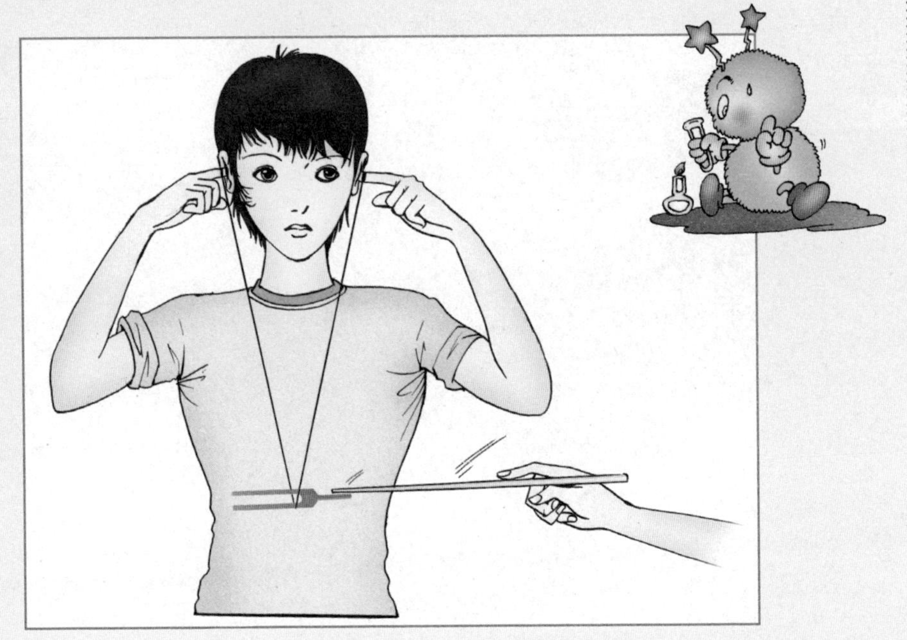

·实验数据·

听音方式	音叉的声音
不通过细绳	
通过细绳	

分析讨论

1. 声音可以通过哪些物质传播?
2. 为什么从录音机里放出的声音听起来不像是自己的呢?
3. 如果把系有细绳的食指放在自己的耳朵旁边，并不接触到耳朵，听到的声音会是什么样的?

发散思考

1. 为什么系在音叉上的细绳要足够长?
2. 如果在实验中不用细绳，而用粗绳（一定要注意安全），结果会如何?

音调的高低变化

在日常生活中，我们都会有这样的经验：当一辆汽车从我们身旁疾驰而过的时候，车上喇叭的音调听起来有一个从高到低的变化；站在铁路旁边听列车的汽笛声时也能够发现，列车快速驶过时汽笛声也有一个从高到低的变化。在物理学上，这种现象被称为多普勒效应。若声源静止而观察者在运动，或是观察者静止而声源在运动，又或是声源和观察者都在运动，而运动的速度大小或方向不同，也会发生这种听到的声音频率与声源频率不一致的现象。

为什么我们会听到这种声调的变化呢？我们知道声波是靠空气振动来传播的。当汽车朝我们开来时，汽车喇叭发出的声波会把空气推挤在一起（如下图a所示），我们听到的声音频率会变高；而当汽车从我们身边开过时，声波会使空气变得疏松（如下图b所示），我们听到的声音频率会变低。

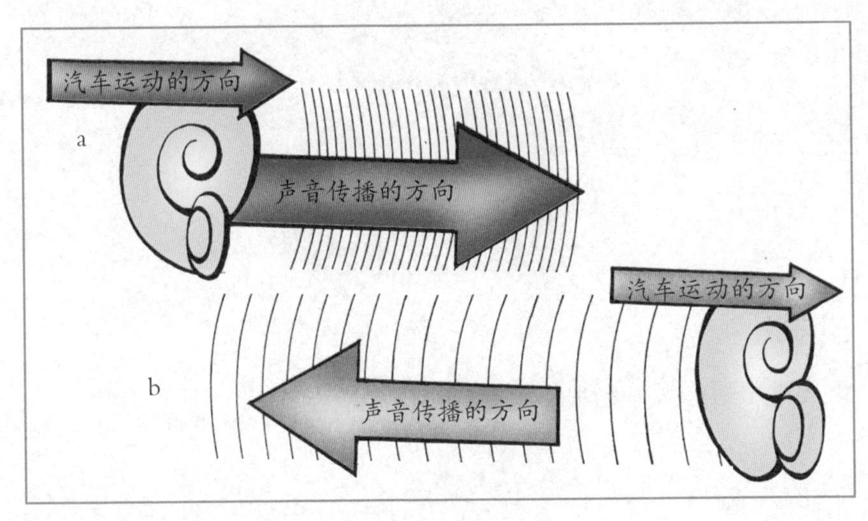

探索主题

多普勒效应

搜集资料

到图书馆或上网查找多普勒效应、声音、声波的相关资料。

提出假说

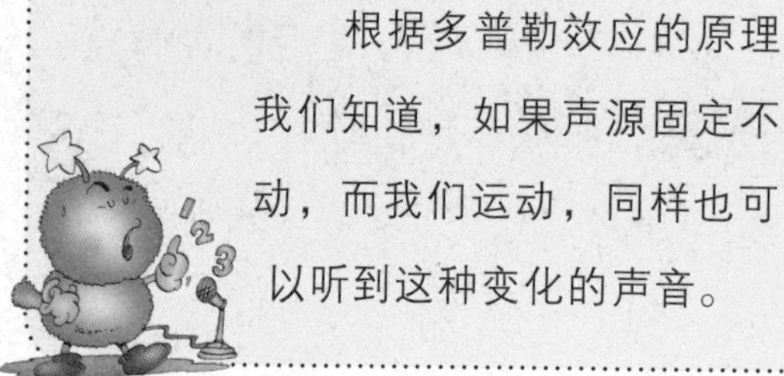

根据多普勒效应的原理我们知道，如果声源固定不动，而我们运动，同样也可以听到这种变化的声音。

安全提示

1. 实验时，如果把电动剃须刀作为声源，请注意不要玩耍，以免划伤皮肤。
2. 使用录音设备时，请先阅读它的使用说明。
3. 此实验要在老师或家长的帮助下完成！

实验材料

1. 一台录音设备
2. 一个声源（如电动剃须刀）

实验设计

我们用录音设备代替我们的耳朵，让它快速地朝声源运动，观测多普勒效应。

· 实验程序 ·

1. 打开声源，并用录音设备把声源的声音录下。
2. 关闭声源，播放刚刚录下的声音，听听有无变化。
3. 手持录音设备，面对声源，并尽量把手臂伸展开来。
4. 打开声源，将录音设备对着声源快速地来回移动，并录下此时的声音。
5. 关闭声源，播放刚刚录下的声音，仔细分辨这次的声音，并和上次的声音做比较。
6. 改变你手臂的运动速度，重复步骤4—5，听听效果如何。
7. 将实验数据填入表格。

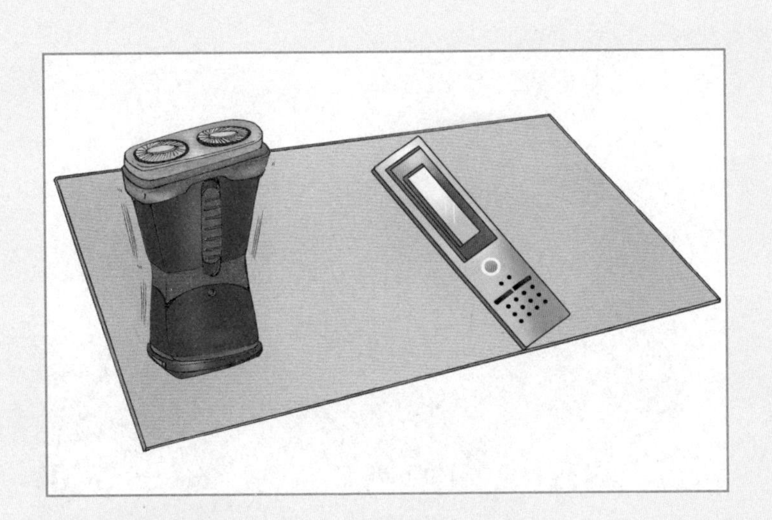

· 实验数据 ·

手臂的运动速度	声音的变化
不动	
慢	
快	

分析讨论

1. 什么是多普勒效应?
2. 实验结果与我们预期的结果是否一样?
3. 手臂运动的速度对实验结果有没有影响?

发散思考

1. 在多普勒效应中，我们听到的声音变化是声音的频率在变吗?
2. 在实验中，让声源不动而让录音设备运动，是不是利用了“相对运动”的原理?
3. 多普勒效应在生活中有什么应用吗?交通警察使用的测速仪的工作原理与多普勒效应有关吗?

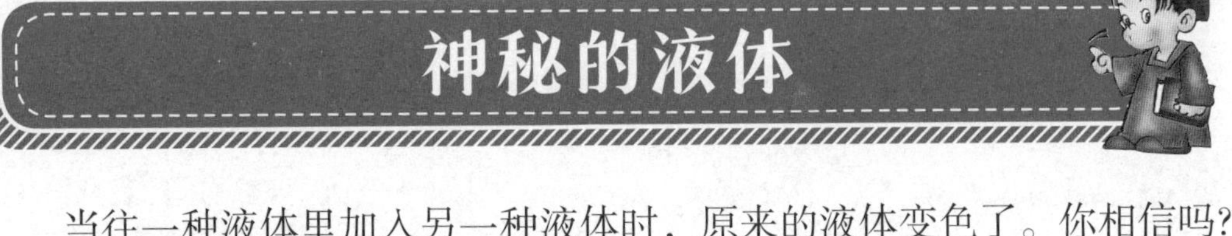

神秘的液体

当往一种液体里加入另一种液体时，原来的液体变色了。你相信吗?准备好三杯水，其中一杯水里加醋酸，一杯水里加苏打，一杯水里什么也不加。当往这三杯水里加入另一种紫色指示剂（紫甘蓝菜汁）时，第一杯水变红了，第二杯水变蓝了，第三杯水变紫了。

探索主题

液体的变色

搜集资料

到图书馆或上网查找有关水、酸、碱的资料。

提出假说

紫甘蓝菜汁可以作为化学试剂。

实验材料

1. 一杯水 + 醋
2. 一杯水 + 苏打
3. 一杯水
4. 一杯紫甘蓝菜汁或紫色石蕊试液

安全提示

不要把液体洒在身上。

实验设计

醋酸是一种酸，显酸性。苏打是一种碱，显碱性。紫甘蓝菜汁是一种酸碱指示剂，它能遇酸变红，遇碱变蓝。所以神秘的液体变色其实并不神秘。

实验程序

1. 将3个分别装了水、水+醋、水+苏打的杯子并排放好，并分别编号为1、2、3。
2. 预测如果将紫甘蓝菜汁倒入杯1，将会发生什么情况。让一位同学将1/4的紫甘蓝菜汁倒入杯1。杯1里的液体变成紫色。
3. 预测如果将紫甘蓝菜汁倒入杯2，将会发生什么情况。让一位同学将1/4的紫甘蓝菜汁倒入杯2。杯2里的液体变成红色。
4. 预测如果将紫甘蓝菜汁倒入杯3，将会发生什么情况。让一位同学将1/4的紫甘蓝菜汁倒入杯3。杯3里的液体变成蓝色。

实验数据

杯子编号	1（水）	2（水+醋）	3（水+苏打）
颜色变化			

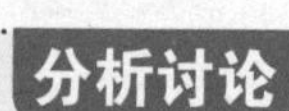

分析讨论

1. 为什么将紫甘蓝菜汁倒入第一个杯子后，杯中的液体变成了紫色?
2. 为什么将紫甘蓝菜汁倒入第二个杯子后，杯中的液体变成了红色?
3. 为什么将紫甘蓝菜汁倒入第三个杯子后，杯中的液体变成了蓝色?

发散思考

1. 紫甘蓝菜汁倒入含有哪些物质的液体里，液体会变成红色?
2. 紫甘蓝菜汁倒入含有哪些物质的液体里，液体会变成蓝色?

你知道吗?

俄罗斯科学家在黑海之滨的格连吉克地区尝试用激光雷达随时监测海水受污染的程度。

莫斯科大学的专家研制的激光雷达的探测距离为1千米，探测深度为海平面下1米。对海水进行监测时，雷达的发射器会向海面射出一束激光；科研人员则在海边的测量站内测量反射或散射信号的到达时间、强弱、频率变化等参数，以确定海水的成分、密度、盐浓度、浮游生物量等信息。根据这些信息，科研人员可以得知海水是否受到污染和具体的受污染程度。

水与声音

声音是一种能量（一种振动），通过空气以波的形式传播。声音的振动有着不同的频率。科学家以每秒振动的次数来表示频率。我们往往通过音调的变化来感觉频率的变化。音调低的声音其频率低，音调高的声音其频率高。你可以通过改变物体的结构来改变这种物体振动的频率。

现在给你一个空杯子，你怎么改变它的结构？一个很容易的办法就是往杯子里加水。杯子里加了水之后，结构变得比以前更稳定了，当受到敲击时，肯定要比空杯子振动得慢多了。向4个杯子里加入不等量的水后再敲击它们，它们振动的频率不同。

探索主题

杯中水的多少如何影响声音的振动

提出假说

改变物体的结构可以改变这种物体振动的频率。

搜集资料

到图书馆或上网查找有关声音的传播的资料。

实验材料

1. 4个相同的玻璃杯
2. 几个不同形状的玻璃杯
3. 水
4. 铅笔

安全提示

敲击玻璃杯时要小心，不要敲碎。

实验设计

如何改变物质的结构？本实验的设计是这样的：往空的杯子里不断加水来改变杯子的结构。敲击杯子的边缘时，会听到不同的音调。为什么呢？因为杯子里装的水的质量不同，而杯子与水作为一个整体，其结构也就不同。尽管受到相同力度的敲击，其振动频率不同，其音调也就不同。同样质地的杯子，高的、窄的杯子比矮的、宽的杯子振动得快，因而听到的音调会高一些。是不是这样呢？试一下就知道啦。

实验程序

1. 往4个形状相同的玻璃杯里倒入不等量的水（高度均不同）。
2. 用铅笔轻轻敲击杯子的边缘，听声音（将会听到不同的音调）。
3. 记录音调的高低：最高、高、低、最低。
4. 往另外几个不同形状的杯子里倒入相同体积的水，重复步骤2和步骤3。
5. 你还可以在8个相同的杯子里倒入不同高度的水，再用橡皮筋或钢丝做一个弦乐器，并与你做的“水琴”进行比较。

实验数据

玻璃杯	装1/4杯水	装1/2杯水	装3/4杯水	装满水
音调的高低				

分析讨论

1. 为什么相同的杯子装有不等量的水时，敲击杯子听到的音调不同?
2. 为什么不同形状的杯子装有相同体积的水时，敲击杯子听到的音调也不同?

发散思考

你能不能用很多个杯子装不同的水，调试好它们的音阶，做成一个特殊的“乐器”？

水的压强

我们知道，1个标准大气压是每平方米的面积受到101325牛顿的压力。当潜水员潜入水中的时候，由于水本身的质量，每下潜10米，所受到的压强就增加1个大气压。在大海的深处，压强甚至为300～500个大气压。

人类曾经潜水到深度为66.5米的水下。在这种压强下，我们的血液吸收的气体（如氮气）是经过压缩的气体。如果我们很快返回水的表面，体内的气体会膨胀，从我们的身体组织结构及关节周围等处逸出，使人感到非常疼。

·探索主题·

水的压强

提出假说

水产生的压强与它的深度成正比。

搜集资料

到图书馆或上网查找大气压、水压的相关资料。

实验材料

1. 2升的塑料饮料瓶
2. 油性笔
3. 钉子
4. 投影仪
5. 水桶或盆

安全提示

使用钉子时要注意安全，防止划破自己的手指。

·实验设计·

我们已经知道，水产生的压强与它的深度成正比。水越深，产生的压强越大，且在每个方向的压强相等。因此，如果在盛水容器的某一深度处有一个小洞，水自然会从小洞流出，而且由于受到上面的水的压力，水会从小洞中射出。由于不同深度的水受到的压强不同，不同位置的小洞射出的水的距离也不同。越是靠下的小洞，受到的压强越大，水射出的距离越远。你相信吗？赶紧试一试。

·实验程序·

1. 在2升的塑料饮料瓶上分别用直线标出离瓶底4厘米、8厘米、12厘米、16厘米的4个刻度。
2. 用钉子分别在这4个刻度线上做4个大小相同的小洞。
3. 将瓶子放在一个较大的水盆里，然后再放在投影仪上。
4. 用油性笔在投影上标出饮料瓶的位置。

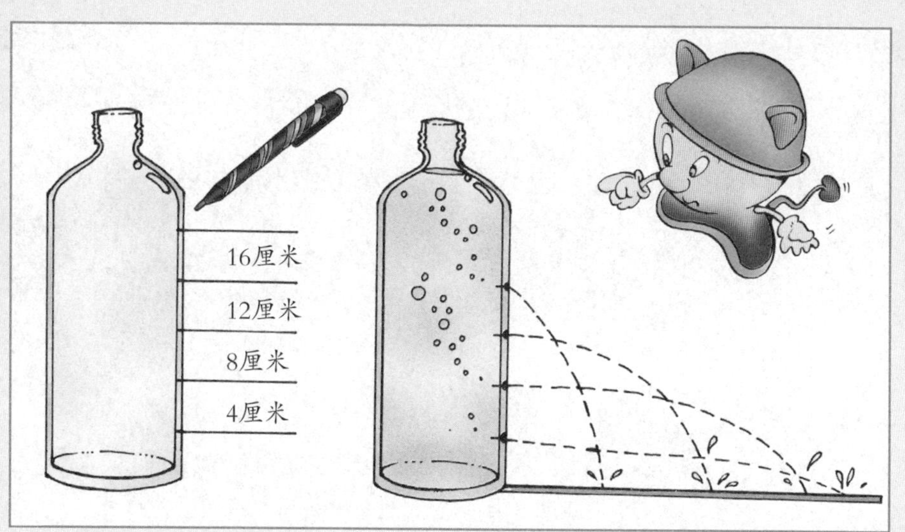

5. 将水倒入刺了小洞的塑料瓶里。
6. 水会从小洞口射出。
7. 用油性笔记录水的射程。

· 实验数据 ·

小洞离瓶底的高度	水的射程	解释
离瓶底4厘米		
离瓶底8厘米		
离瓶底12厘米		
离瓶底16厘米		

分析讨论

1. 哪个位置的水射程最远？为什么？
2. 哪个位置的水射程最近？为什么？
3. 小洞位置的高低与水的射程有什么关系？

发散思考

1. 在水下1000米处，潜艇的外壳要承受多大的压强？
2. 如何测量水的压强？

你会测酸雨的酸度吗

什么是酸雨？简单地说，酸雨就是酸性的雨。我们生活中的柠檬水、橙汁和醋的味道酸酸的，是酸性溶液。而肥皂水和小苏打水的“味道”涩涩的，是碱性溶液。纯水是中性的。人们常用pH值衡量酸碱性，它的数值范围是1—14，中性溶液的数值是7，酸性溶液的数值小于7，数值越小，酸性越大。

雨水的主要成分是水，但由于溶解了大气中的二氧化碳而常呈弱酸性。近代工业革命后，人类不断开发资源，燃烧大量矿物，向空气中排放了大量的酸性气体，如二氧化硫和氮氧化物等，它们在高空中被雨雪冲刷，溶解后使雨水的酸性增加。当雨水的pH值小于5.65时，我们就称之为酸雨。

当酸雨降落到地上时，会造成森林退化、湖泊酸化、鱼类死亡、水生生物种群减少、农田土壤酸化和有毒重金属污染增强等严重危害，会导致粮食、蔬菜、瓜果大面积减产，使建筑物和桥梁损坏，甚至让珍贵的文物面目全非。

·探索主题·

雨水的酸碱度

提出假说

有些地区的雨水中含有硫酸、硝酸等酸性的物质，因此雨水显酸性。

搜集资料

到图书馆或上网查找酸雨、酸碱性、水污染的相关资料。

实验材料

1. pH 试纸
2. 一个小塑料杯
3. 挂图
4. 图钉

安全提示

收集雨水样品时要小心，别淋湿了身体。注意，酸雨可能有毒，一定不要去“品尝”酸雨。

·实验设计·

环境污染已经成为人们日益关注的问题。同学们可以通过亲自收集雨水取样，测量周围雨水的酸碱性，了解当地的酸雨的情况。

·实验程序·

1. 准备一个杯子和pH试纸。遇到下雨时就用杯子收集雨水。当心别淋湿了身体。用一张pH试纸测试雨水，与pH标准比色卡比较，读出pH值并记录其pH值。记得将试纸保留，后面有用处。
2. 将自己所住的地区画在一张挂图上。把试纸钉在图上自己收集雨水的地点。
3. 接下来每次下雨时，就做一次同样的实验，并将试纸钉在前一张试纸的旁边。

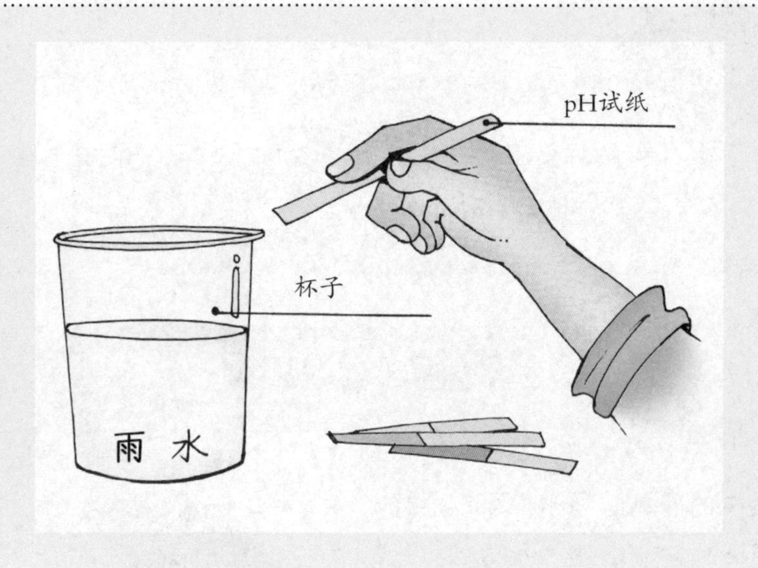

·实验数据· 周围地区雨水的酸碱度

实验次数	1	2	3	4	5
pH值					

分析讨论

1. 周围的哪些物质呈酸性？哪些物质呈碱性？
2. pH值越大，酸碱性如何变化？
3. 不同地区的雨水酸碱度是否有差别？

发散思考

1. 为了减少酸雨，应该采取哪些措施？
2. 你能用自制的酸碱试剂测雨水的酸碱度吗？

吸收太阳的热量

白天，太阳光芒夺目，我们几乎看不清它的轮廓。在太阳初升的时候我们才可以直接看到：它是一个像火球一样的巨大圆球，我们称它为太阳光球。这个光球几乎全部由气体构成。它中心处气体的密度比铁还大13倍，温度高达1400万℃，而外层温度约为5500℃。太阳不间断地辐射出巨大的能量，产生光和热。虽然我们的地球只吸收到其中极小的一部分，却因此充满生机。如果我们能充分利用太阳的能量，不仅可以节约日渐减少的能源，而且还可以减少环境污染。下面我们来研究一下不同颜色的物质对太阳热量的吸收能力。

·探索主题·

不同颜色的物质吸收太阳热量的能力

提出假说

黑颜色的物质吸收太阳热量的能力比白颜色的物质强。

搜集资料

到图书馆或上网查找太阳、太阳的结构和能量的相关资料。

实验材料

1. 黑色、白色两种涂料
2. 刷子
3. 两个塑料瓶
4. 几个小气球
5. 温度计

安全提示

1. 不要直接看太阳，以免损伤眼睛。
2. 不要在太阳下待得过久，以免中暑或晒伤皮肤。

·实验设计·

通过气球在黑、白两个不同颜色的瓶子上的变化，得知黑颜色的物质吸收太阳热量的能力比白颜色的物质强。

·实验程序·

1. 用刷子将两个塑料瓶分别涂成黑色和白色。
2. 将一个气球套在黑色的塑料瓶瓶口上，再拿另一个气球套在白色的塑料瓶瓶口上，注意要套紧，不要漏气。
3. 将两个塑料瓶拿到太阳光下，过几分钟观察两个气球的变化。
4. 用温度计分别测量两个瓶子的温度。

· 实验数据 ·

塑料瓶	实验时间	气球变化	塑料瓶温度
白色			
黑色			

分析讨论

1. 黑、白两个塑料瓶上的气球各有什么变化，为什么?
2. 在生活中，人们是如何利用太阳的能量的，请举例说明。
3. 太阳的能量是如何产生的? 它会枯竭吗?

发散思考

1. 你知道与太阳有关的天文现象吗?
2. 太阳的活动是否有周期? 周期是多长时间?
3. 太阳的寿命有多长? 太阳现在的年龄有多大?

舌的感觉

舌是口腔底部的肌性器官，可分为舌尖、舌体和舌根三部分。舌尖游离于口腔中，舌根附于舌骨上。在舌的上下表面都有黏膜，舌的黏膜上有许多重要的结构，例如舌扁桃体和舌乳头等。舌主要负责人的味觉及进行食物的搅拌。人在进食后，为何会有甜、酸、苦、咸的感觉？这主要靠舌上的味蕾感受到口腔内的各种刺激。当食物中的可溶性有味物质与味蕾接触时，味蕾的细胞纤毛就把感觉信息传送至大脑神经中枢，人就会产生各种味觉。

·探索主题·

舌的不同部位对各种味觉的敏感性

提出假说

舌的不同部位的味觉敏感性不一样。

搜集资料

在网上收集舌的组成结构及味蕾结构的资料。

实验材料

1. 4支新毛笔
2. 1个水杯
3. 纯净水
4. 白糖
5. 盐
6. 醋
7. 苦瓜汁

安全提示

1. 在蘸取不同的刺激物时，注意先用纯净水清洗毛笔。
2. 在接受不同的刺激前，一定要用纯净水漱口。
3. 保证各种刺激物质的纯净，以减少实验的偏差。

·实验设计·

舌的味蕾是感觉各种味觉刺激的部位。感受不同味觉刺激的味蕾在舌面上的分布不均匀。因而舌的不同部位对不同味觉刺激的敏感程度不同。

·实验程序·

1. 用纯净水漱口并用杯中的纯净水将毛笔浸湿。
2. 用毛笔蘸点糖分别去碰舌尖(参见下图)、舌的边沿和舌根部，记录对甜味最敏感的部位。
3. 用纯净水漱口，并用纯净水洗净毛笔。
4. 用浸湿的毛笔蘸盐，分别接触舌尖、舌的边沿和舌根部，记录对咸味最敏感的部位。
5. 分别用醋和苦瓜汁重复上面的实验，记录对酸和苦最敏感的部位。

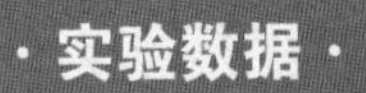

·实验数据·

各种味觉刺激	对味觉刺激最敏感的部位
糖（甜）	
盐（咸）	
醋（酸）	
苦瓜汁（苦）	

分析讨论

通过上面的实验，与同学讨论，感觉甜味的味蕾主要分布于舌的何处？感觉咸味的味蕾主要分布于舌的何处？感觉酸味的味蕾主要分布于舌的何处？感觉苦味的味蕾主要分布于舌的何处？

发散思考

1. 通过实验，你可以体会到舌对哪种味觉刺激最为敏感吗？
2. 你知道为什么饼干浸湿了再吃会觉得更甜吗？

你知道吗？

舌以“人”字形界沟分为前后两部分。舌的前2/3遍布舌乳头，舌乳头的周围有深沟环绕，沟内有负责味觉的味蕾。在后部中线的两旁有淋巴样滤泡，也称舌扁桃体。舌在进食某种过重的味道或某种味道过久后，就会变得麻木，而造成味觉的减退。喝过热或过凉的饮料，也会使舌的敏感程度降低。过冷及过热的食物还能损伤味觉细胞，影响味觉神经，甚至造成味觉功能减退，因而小朋友们要多加注意。

蹦极的奥妙

很多旅游景点都设有蹦极项目，但小朋友因为身高等各种因素限制还不能玩。不过，我们还是可以先了解一下其中的科学道理，等长大了再玩蹦极的时候就不会那么紧张了。其实，蹦极的感觉是宇航员在太空中生活常有的感觉，它就是物理学中所说的超重和失重。现在，我们用一台称体重的磅秤就能把其中的道理弄明白！

探索主题

超重和失重

搜集资料

到图书馆或上网查找有关超重和失重的资料。

提出假说

由于重力的原因，物体静止时，会受到一个与重力大小相等、方向相反的支持力或拉力的作用。而当物体在竖直方向变速运动时，因为加速或减速的原因，支持力（拉力）不再等于重力，其值大于重力时我们称为超重，反之称为失重。实际上重力并没有变。

实验材料

1. 体重计
2. 电梯

实验设计

一人站在体重计上，快速下蹲，另一人观察体重计示数的变化。蹲着的人快速站起来，再次观察体重计示数的变化。将体重计移至电梯中，观察电梯上升或下降过程中体重计示数的变化。

实验程序

1. 取一体重计，静立其上。记录读数。
2. 快速下蹲，观察过程始末体重计示数的变化（与静止时的示数进行比较）。
3. 快速站起，观察过程始末体重计示数的变化（与静止时的示数进行比较）。

注意：下蹲和站起时要注意安全，避免摔倒。

❹ 将体重计移至电梯中，观察电梯上升或下降过程中体重计示数的变化。

·实验数据·

具体过程	体重计示数及变化
静立其上	
快速下蹲（前）	
快速下蹲（后）	
快速站起（前）	
快速站起（后）	
电梯上升（起始时）	
电梯上升（停止时）	
电梯下降（起始时）	
电梯下降（停止时）	

分析讨论

1. 为什么快速下蹲时，体重计示数减小？
2. 为什么电梯突然上升时，体重计示数增加？
3. 能否总结出在什么条件下有超重现象？

发散思考

1. 正在喷水的饮料瓶（瓶侧底部扎孔），从高处跌落的过程中，是否还有水喷出？
2. 在完全失重的状态下，还能用托盘天平称物体质量吗？

比重计

人类区别于动物之处就在于能利用掌握的知识去制造工具。为了认识一种物质，我们常常要知道它的许多性质，比如颜色、硬度、密度、导电性、比热容等，其中密度反映的是物质在单位体积内的质量。测密度值时需取一定的样品，测其质量和体积并求它们的比值。不过在实验室里，我们可以找到直接测密度的仪器，它叫密度计，俗称比重计（它的数值是所测物质密度与水的密度的比值）。当然，这种密度计只能测液体的密度，因为它利用的是液体对浸入其中的物体产生浮力的原理。来吧，我们自己做一个比重计，用它来测测饮料的密度！

·探索主题·

比重计

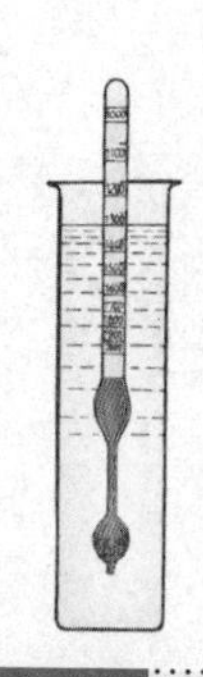

提出假说

阿基米德浮力定律：浸在液体中的物体所受的浮力等于物体所排开的那部分液体的重力。即$F_{浮}=\rho_{液}gV_{排}$。由平衡知识可知，悬浮在液体里的物体所受的浮力与物体的重力平衡，即$F_{浮}=G$，所以同一个物体悬浮在不同液体里所受浮力是相等的（都等于重力的大小）。因此，比重计浸在密度较大的液体里时，浸在液体里的体积就较小，深度也较小。反之，放在密度较小的液体里时，比重计浸在液体里的体积就较大，深度也较大。根据比重计浸入液体里的深度不同，就可以从比重计的刻度上读出液体的密度。

搜集资料

到图书馆或上网查找密度计的有关资料，到实验室找几支密度计观察其结构和刻度。

安全提示

使用小刀、图钉时，要注意安全。

实验材料

1. 带橡皮头的浅色铅笔
2. 图钉、玻璃杯
3. 水、煤油
4. 小刀、防水坐标纸
5. 双面胶
6. 标准比重计
7. 饱和食盐水
8. 其他液体（如果汁、食用油、醋、酱油、啤酒等）

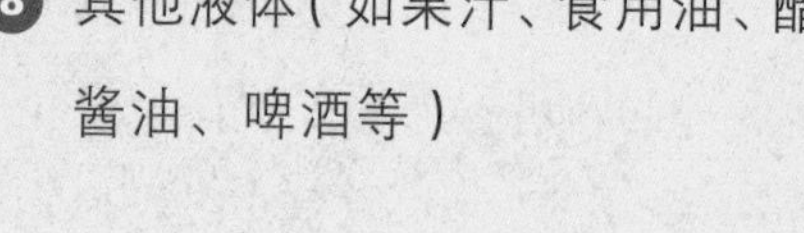

·实验设计·

利用铅笔（较长，且为木制品，可做记号）做比重计。

·实验程序·

1. 取一支带橡皮头的浅色铅笔，把一枚图钉钉在橡皮头的中心。
2. 在笔身一侧用双面胶粘一窄条防水坐标纸。
3. 取一个玻璃杯，倒入清水（占容积的5/6，以能浮起铅笔为宜）。
4. 将铅笔橡皮头朝下轻轻插入水中，观察铅笔是否平稳地悬浮在水中。
5. 在坐标纸上标出空气和水的分界面（线），记作1.00。
6. 取出铅笔并擦干，再将铅笔橡皮头朝下轻轻插入煤油中，观察铅笔是否平稳地悬浮在煤油中。
7. 在坐标纸上标出空气和煤油的分界面（线），记作0.80。
8. 将两次记号线的间距4等分,在等分点处依次记作0.85、0.90和0.95。
9. 按此等分距，在1.00之下均匀记下1.05、1.10、1.15、1.20、1.25、1.30等几个等分点，这样就做好了一个比重计。

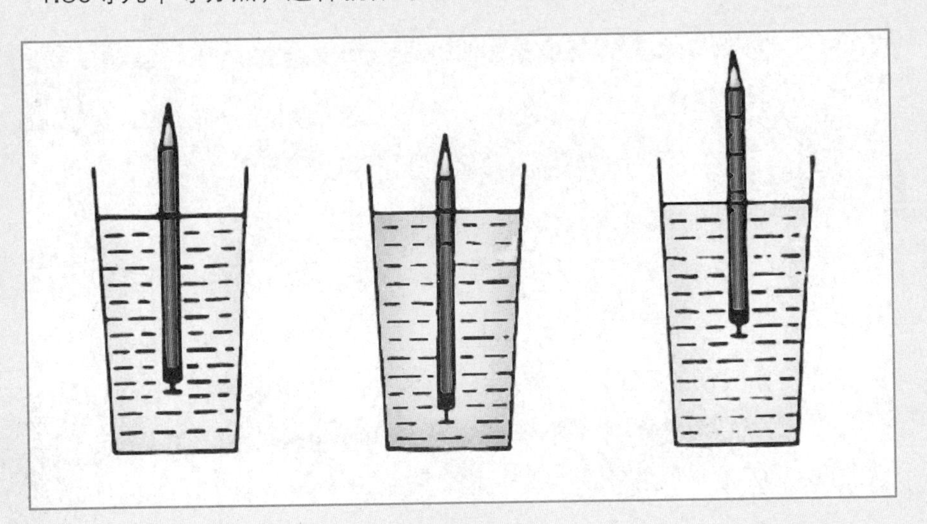

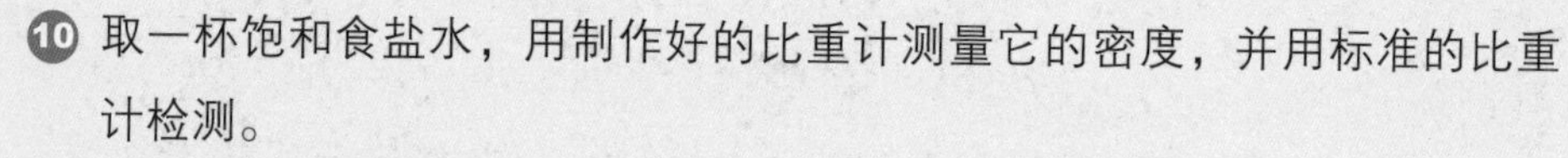

⑩ 取一杯饱和食盐水，用制作好的比重计测量它的密度，并用标准的比重计检测。

⑪ 再取几种液体测量，比较误差。

· 实验数据 ·

被测液体	制作的比重计读数	标准比重计读数
饱和食盐水		
果　汁		
食用油		
醋		
酱　油		
啤　酒		

分析讨论

1. 为什么比重计没单位?
2. 为什么要在铅笔的橡皮头上钉图钉?
3. 为什么密度值大的在比重计的下方?
4. 同一比重计在不同液体里悬浮，排开液体的体积不同，其所受的浮力是否不同? 为什么?

发散思考

1. 为什么比重计的刻度是不均匀的? 你做的比重计准确吗? 有办法改进吗?
2. 标准的密度计有两种：一种用于测密度小于水的液体，叫比轻计；一种用于测密度大于水的液体，叫比重计。如果将这两种功能合并到一支密度计上，有什么弊端吗?

强 度

生活中，我们要测量一个物体的长度，总是把物体和尺子对比。比如说要测量一栋楼房的高度，可以垂下一根比楼房高度长的绳子并系上一个重物，重物触地后，再用尺子测量绳子的长度。同理，海洋的平均深度在4000米上下，要测量这种深度，得垂下一条4000多米长的金属丝。有人会想，这么长的金属丝质量一定不小，它会不会在自身重力的作用下断掉呢？这的确是个有意思的问题。限于条件，我们只是探究一下，力与截面积的关系。

探索主题

使金属丝断裂的力与金属丝的材质及截面的关系

提出假说

使金属丝断裂的力的大小，跟金属丝的材质、横截面大小和施力的方法有关。跟截面的关系是：截面积增加多少倍，致使金属丝断裂的力也要增加多少倍。

搜集资料

到图书馆或上网查找材料力学的相关资料。

实验材料

1. 不同材质的金属丝（横截面积均为 1 平方毫米）
2. 横截面积不同的同材质金属丝
3. 拉直器
4. 老虎钳

安全提示

使用工具时，注意保护手和面部。

实验设计

测量粗细相同、材质不同的金属丝的抗拉能力；测量横截面积不同的同材质金属的抗拉能力。

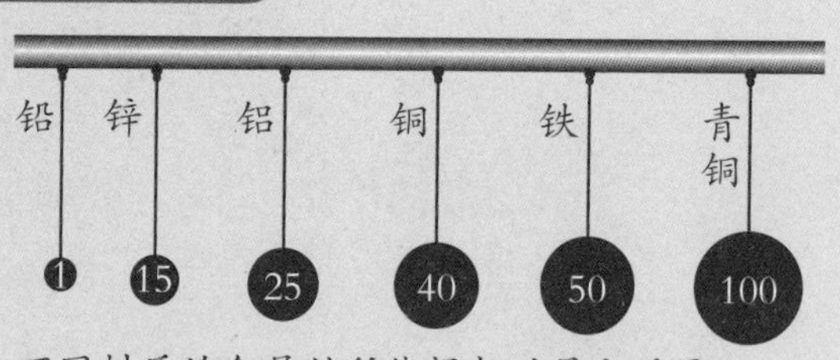

不同材质的金属丝所能提起的最大质量
（横截面积为1平方毫米，质量单位为千克）

·实验程序·

1. 取一定长度的横截面积为1平方毫米的不同材质的金属丝，把它们放在拉直器上，测出能拉断它们的外力值。
2. 折算出各种金属丝的抗拉力，记入表1。
3. 取一定长度的横截面积不同的铜丝，把它们放在拉直器上，测出能拉断它们的外力值。
4. 折算出不同规格铜丝的抗拉力，记入表2。
5. 对照找规律。

·实验数据·

表1

横截面积1平方毫米的金属丝	拉断外力（牛顿）	抗拉力（牛顿）
铅		
锌		
铝		
铜		
铁		

表2

铜丝的横截面积	拉断外力（牛顿）	抗拉力（牛顿）
1平方毫米		
2平方毫米		
3平方毫米		

分析讨论

1. 粗细相同、材质不同的金属丝的抗拉能力相同吗？
2. 横截面积不同的金属丝的抗拉能力与横截面积成正比吗？
3. 拉直器起什么作用，为什么不直接拉？

发散思考

1. 怎样提高金属丝的抗拉力?
2. 合金的抗拉力是不是比纯金属的大?
3. 为什么不同金属的抗拉力不同?

你知道吗?

力学里有一个分支叫作材料力学，它就是专门研究固体材料抗拉能力的。它告诉我们，用来使金属丝或杆断裂的力的大小，跟金属丝或杆的材料、横截面大小和施力的方法有关。跟横截面的关系是：横截面面积增加多少倍，需要用来使金属丝或杆断裂的力也要增加多少倍。一般来说，每一条金属丝悬垂线不可能有任意的长度，每一条金属丝都有一个极限长度，到了这个长度便会由于自身的重力而断掉。加粗金属丝是没有用的，因为把直径加倍固然可以使它经得住4倍的重量，但它自身的重力也会增加4倍。极限长度跟金属丝的粗细无关，只看它是由什么材料制成的。下表是几种金属丝的极限长度。

金属丝种类	极限长度
铅丝	200 米
锌丝	2100 米
铜丝	4400 米
铁丝	7500 米
钢丝	25000 米

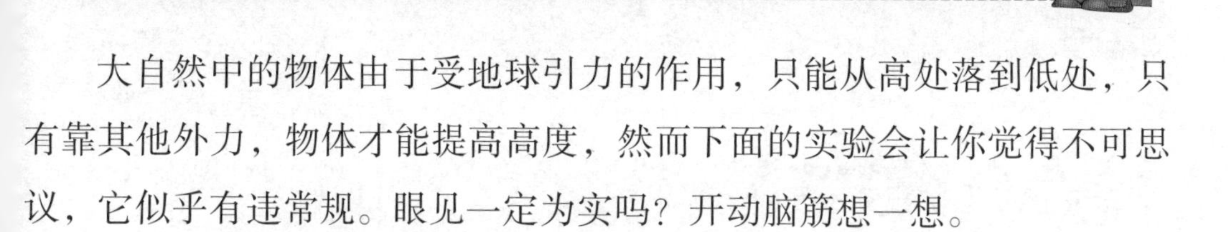

自动上坡的物体

大自然中的物体由于受地球引力的作用，只能从高处落到低处，只有靠其他外力，物体才能提高高度，然而下面的实验会让你觉得不可思议，它似乎有违常规。眼见一定为实吗？开动脑筋想一想。

·探索主题·

物体的重心

搜集资料

到图书馆或上网查找有关物体重心、重力的资料。

提出假说

设计一个随着高度的提升，双轨间距逐渐增大的轨道，把一个球或中粗边细的滚轮放在轨道的低处，球或滚轮上升时，其重心是下降的，即实际是在重力作用下向“高处”运动。

实验材料

1. 两根光滑直棒(长约0.5米)
2. 大长木块、小木块(高低不同)
3. 两个大号玻璃漏斗、胶带
4. 刻度尺
5. 一个篮球

安全提示

玻璃制品易碎，要小心使用。

·实验设计·

设计一个随着高度的提升，双轨间距逐渐增大的轨道，将球或中粗边细的滚轮放在轨道的低处，调整轨道，球或滚轮会自动上升。

· 实验程序 ·

1. 将两个大号玻璃漏斗用胶带黏合成中粗边细的滚轮。
2. 把两根直棒的两端分放在大小木块上，形成高低轨道。大小木块需放在水平桌面上（如图1所示）。
3. 把滚轮放在轨道的低处并保持低处的轨道间距不变，逐渐增大高处的轨道间距，直至滚轮开始滚动。

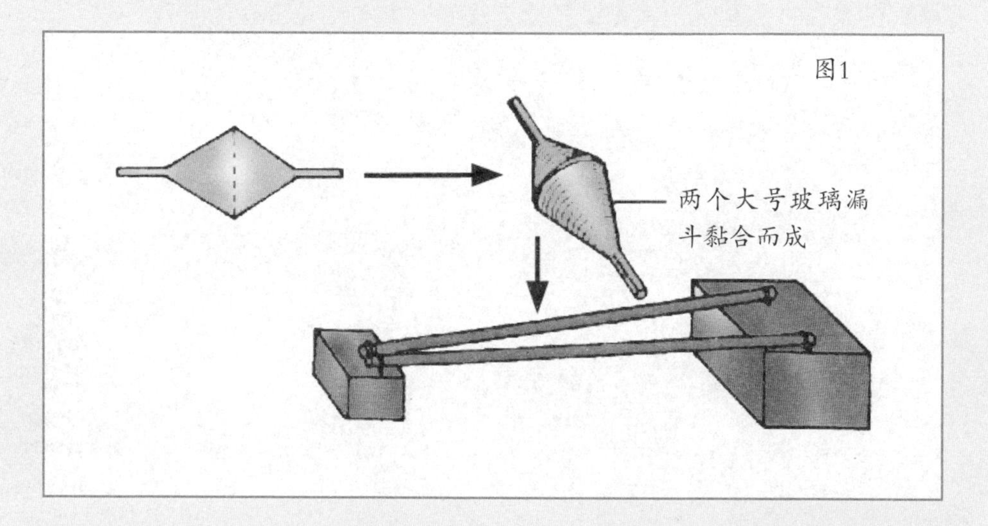

4. 用刻度尺测出滚轮在低轨道处离桌面的高度h_1和高轨道处离桌面的高度h_2，比较其高低。
5. 用篮球代替滚轮，重做步骤2—4。

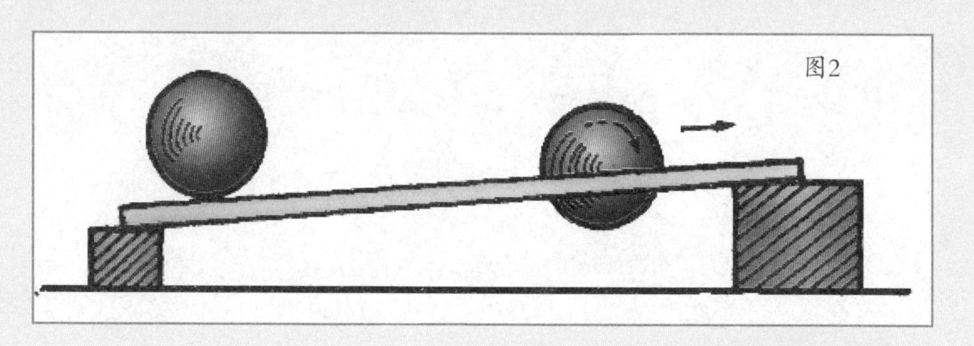

· 实验数据 ·

实验对象	h_1（毫米）	h_2（毫米）
滚轮		
篮球		

分析讨论

1. 在滚动的过程中，滚轮或篮球与轨道的接触点是否有改变？
2. 高低两处的双轨间距是否能一样宽？
3. 当滚轮滚动时，它的重心是下降、不变，还是上升？

发散思考

1. 除了篮球，生活中还有什么能代替实验中的滚轮？
2. 在生活中你遇到过哪些“眼见不实”的现象？

黑白吸热

你一定注意到了，夏天人们穿白衣服时感觉比较凉快，穿黑衣服时感觉比较热。这是什么原理呢？

原来，黑色容易吸收光和热，白色容易反射光和热。

下面，我们做个实验来观察并验证这一现象。

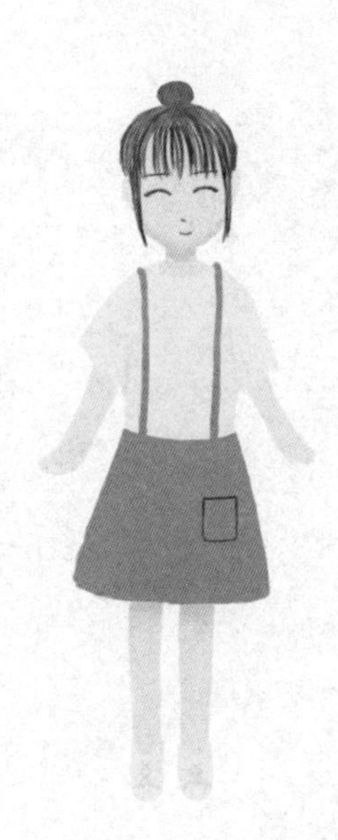

·探索主题·

黑白吸热

提出假说

黑色比白色容易吸热。

搜集资料

到图书馆或上网查找黑白吸热的相关资料。

实验材料

1. 两个盆
2. 水
3. 一块黑布
4. 一块白布
5. 一支温度计

安全提示

千万不要用眼睛直视太阳！

·实验设计·

黑布和白布分别盖着同样的东西，放在太阳下接受照射。如果经过相同的时间后，黑布盖着的东西的温度高于白布盖着的东西，那么就可以证明黑色比白色容易吸热。

·实验程序·

1. 在一个晴朗的中午，将两个盆注满水，摆放在室外向阳处。
2. 在一盆水上盖一块黑布，另一盆水上盖一块白布，尽量使布漂在水面上。

3 1小时后，用温度计测一测两盆水的水温。

·实验数据·

两盆水的水温

测量次数	1	2	3	平均值
盖黑布				
盖白布				

分析讨论

1. 实验中哪盆水的温度高？为什么？
2. 哪种颜色容易吸收太阳辐射的热量？
3. 水量的多少对实验结果有影响吗？

发散思考

1. 实验中为什么要让布尽量漂在水面上？
2. 一些黑色的围棋子和白色的围棋子混在一起了，帮盲人妹妹想个办法，把它们区分开。
3. 蓝颜色和黑、白两种颜色相比，谁更容易吸热？做实验看看。

巧测日常用品的pH值

pH值又叫酸碱度值，是指一种物质酸性或碱性的强度，可以用来作为检测物质酸碱度的标准。当pH值等于7的时候，代表中性，数值越小代表酸性越强，反之，则表示碱性越强。在自然界中几乎没有纯粹中性的物质存在，一般来说都会有一些微弱的酸碱性。以雨水为例，空气中的二氧化碳可溶解于水中，形成微酸性的碳酸，这种性质往往使得雨水带有微弱的酸性，pH值大约为5。我们可以利用紫甘蓝菜汁来粗略地测量家用物品的酸碱性。因为紫甘蓝菜汁与酸性或碱性的物质放在一起后，能够发生反应，紫甘蓝菜汁的颜色就会随之发生变化。紫甘蓝菜汁在中性条件下（pH值为7）显示为紫色，遇到酸性物质（pH值为0～6）会变成红色或者粉色，遇到碱性物质（pH值为8～14）则会变成蓝色。

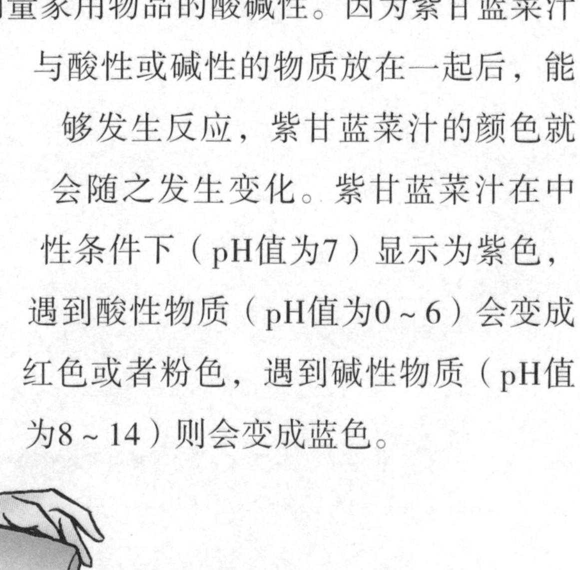

·探索主题·

pH值、酸碱性及紫甘蓝菜汁

提出假说

紫甘蓝菜汁的颜色会随物品酸碱性的不同而不同。

搜集资料

到图书馆或网上查找pH值、酸碱性及紫甘蓝菜汁的相关资料。

实验材料

1. 1个紫甘蓝
2. 8个杯子
3. pH 试纸
4. 水
5. 洁厕灵
6. 发酵粉（小苏打）
7. 醋
8. 含钙牛奶
9. 柠檬汁
10. 盐
11. 可乐
12. 有盖玻璃杯

·实验设计·

把紫甘蓝菜汁加到各种家用物品的溶液中，通过颜色的变化来确定物品的酸碱性。对pH值的精确测量则需要用pH试纸。

安全提示

1. 切紫甘蓝时要小心，不要切到手。
2. 煮菜时注意防止烫伤。
3. 在家长或老师指导下进行。

· 实验程序 ·

1. 把紫甘蓝切碎，放进锅中，用小火煮到水变成深色为止。
2. 等水冷却后，把上层水溶液倾倒在有盖的玻璃杯中，放进冰箱冷藏待用。
3. 在8个杯子中再分别倒进：

（1）1/4杯水
（2）1/4杯洁厕灵
（3）1/4杯水和少量发酵粉
（4）1/4杯醋
（5）1/4杯含钙牛奶
（6）1/4杯柠檬汁
（7）1/4杯水和少量盐
（8）1/4杯可乐

4. 再在这8个杯子中分别倒进1/4杯紫甘蓝菜汁并观察溶液的颜色。
5. 用pH试纸测量以上8种溶液的pH值，并记录在表格中。

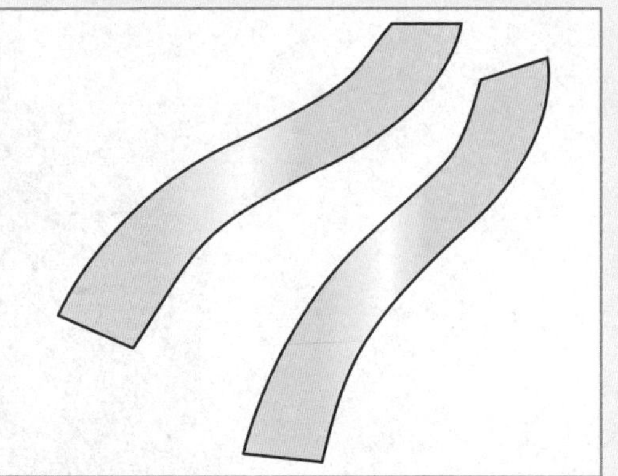

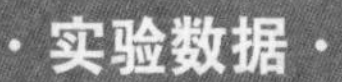

· 实验数据 ·

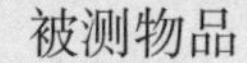

被测物品	水	洁厕灵	发酵粉	醋	牛奶	柠檬汁	盐	可乐
加紫甘蓝菜汁后的颜色								
pH值								

分析讨论

1. 在以上家庭中常见的液体中，哪些是酸性的，哪些是碱性的？
2. 当紫甘蓝菜汁与其他溶液混合后，分别发生了什么样的反应？
3. 一旦紫甘蓝菜汁变红（蓝），有什么办法可以让它再变回紫色？

发散思考

1. 除了紫甘蓝外，你还知道有哪些东西的颜色会随酸碱不同而不同？
2. pH试纸在指示pH值时，发生了什么样的变化？

各种光源的光谱

我们知道，每个人的指纹都是不同的，确定的指纹对应确定的人。在微观世界也有同样的现象：每种元素都对应特定的光谱。当原子很稀薄，就像气体一样时，如果给这种原子一个激发，它就会发出它的指纹——光谱。通过分光镜我们就可以看到这个光谱。

探索主题

光谱

搜集资料

到图书馆或上网查找光谱、连续谱、吸收谱、反射谱、特征谱等概念的相关资料。

提出假说

原子通过激发可以产生发射光谱。用通电或加热的方式使原子激发，就可以通过分光镜来观察了。

实验材料

1. 一个鞋盒
2. 衍射光栅
3. 边缘光滑的硬纸片
4. 胶带
5. 剪刀
6. 白炽灯、水银灯、蜡烛、煤气灯、手电筒、信号灯、泛黄的街灯、泛蓝的街灯、氖灯、幻灯机的灯光等光源
7. 白纸

安全提示

1. 使用剪刀要注意，不要戳伤自己。
2. 不要用手直接摸光栅。
3. 不要用眼直接看光源。
4. 须有老师在现场帮助指导。

实验设计

利用光栅的衍射现象，用纸盒和光栅制作一个简单的分光镜，来观察各种光源的光谱分布。

· 实验程序 ·

首先做一个简单的分光镜

1. 在鞋盒的一端剪一个2厘米×3.5厘米的长方形窗口，把一张纸片沿窗口中央呈竖直方向用胶带贴牢，另外一张与这一张留大约5毫米间距的细缝后贴上，但不要贴牢，后面还可能要移动。
2. 在盒子的另一端剪一个5厘米×5厘米的窗口，然后把衍射光栅（如果没有光栅可以找一张较厚的黑纸，再用刀片在上面划一道极细的缝制成）贴在上面，注意使光栅的栅线和另一端的细缝平行。这不容易做到，可以先不要贴牢，到步骤4时再调整。
3. 盖上盖子，使盒里没有明显的光线。
4. 把细缝对着白炽灯观察，你会看见彩色的光。如果看不到光谱，光线沿细缝向左右两边扩散，则需调整光栅的位置，调好后把光栅贴牢。然后，调整细缝宽度，使光谱亮度和区分度都比较明显，调好后把另外一张纸片贴牢。一个简单的分光镜就做好了。

用分光镜观察各种光源的光谱

1. 用分光镜分别观察各种能找到的光源（如白炽灯、水银灯、蜡烛、煤气灯、手电筒、信号灯、泛黄的街灯、泛蓝的街灯、氖灯、幻灯机的灯光等）的光谱分布情况。分别记录各种光谱。注意在观察时要仔细看同一颜色的谱线之间的间距。
2. 用分光镜观察白纸上反射的太阳光的光谱。

· 实验数据 ·

各种光源的光谱

光　源	光　谱
白炽灯	
水银灯	
蜡　烛	

续表

光　源	光　谱
煤气灯	
手电筒	
信号灯	
泛黄的街灯	
泛蓝的街灯	
氖　灯	
幻灯机的灯	
太阳光	

分析讨论

1. 光源的发光原理是什么?
2. 各种光源的光谱有何特征?

发散思考

1. 光谱有什么应用?
2. 如何利用光谱检验炼钢炉中的钢水温度?

神奇的太阳镜

酷暑炎夏，人们常佩戴太阳镜来减少强烈阳光对眼睛的刺激。各式各样的太阳镜已成为一道美丽的风景。但你知道太阳镜的工作原理是什么吗？

光学里有一个有趣的现象叫光的偏振。像大气层外的太阳光、普通电灯泡的光线等都是非偏振光，但当它们在水、沥青等非金属材料的表面反射时，反射光就会变成偏振光。如果再给反射光加上一个偏振片，使偏振片与反射光形成一个合适的角度，反射光的强度就会降低很多。太阳光通过大气层的反射成了偏振光，太阳镜利用了光的偏振原理，用一个偏振片作镜片，从而降低了刺目的阳光强度。

下面，我们来仔细研究一下这个有趣的现象。

探索主题

偏振现象

提出假说

非偏振光通过某些材料的表面反射会变成偏振光，但也有一些材料的表面不会使光偏振。需要把常见的材料通过实验进行分类。

搜集资料

到图书馆或上网查找光的偏振现象、太阳镜的原理的相关资料。

实验材料

1. 偏振太阳镜镜片
2. 一个电灯泡（带线和插头）
3. 一块表面光亮的不透明塑料片
4. 一盆水
5. 一面普通镜子

安全提示

1. 安全用电，严防触电事故！
2. 太阳镜镜片和镜子易碎，使用时注意不要磕碰。

·实验设计·

用一个电灯泡提供非偏振光，使光线在不同材料的表面反射，包括塑料、水、普通镜面。透过一个偏振片（太阳镜镜片）来观察反射光，旋转偏振片，观察反射光的强弱变化情况。

·实验程序·

1. 使灯泡的灯丝与塑料片表面平行，插上插头，使灯泡发光。
2. 调整灯泡位置（即调整灯泡与塑料片的夹角），让我们能观察到灯泡在塑料片上的反射像（如下图所示，夹角约为35°）。

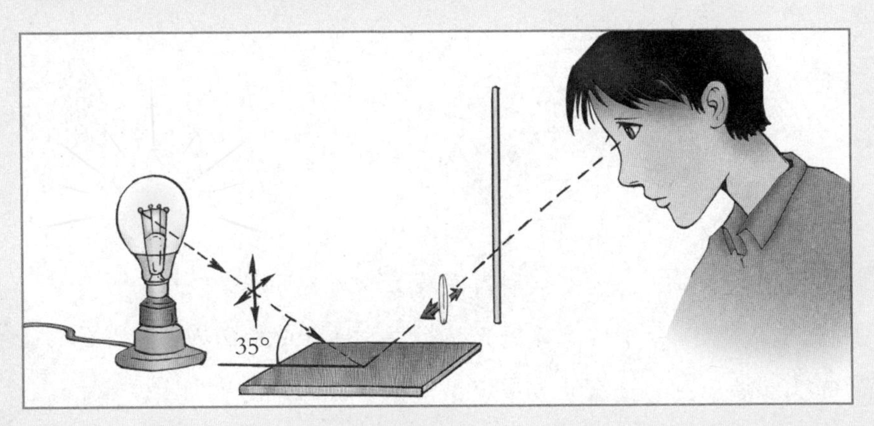

3. 在反射光方向上加上偏振太阳镜镜片，旋转偏振片，使观察到的影像最暗，记住偏振片的这个位置。
4. 使偏振片在此位置的基础上旋转30°、60°、90°、120°、150°、180°，观察影像明暗程度的变化情况。
5. 把塑料片换成一盆水，重复以上实验，观察结果如何。
6. 把水换成普通镜子，再重复实验，记录观察结果。

· 实验数据 ·

实验材料	0°	30°	60°	90°	120°	150°	180°
塑料片							
水　面							
普通镜子							

分析讨论

1. 塑料片和水面反射的影像明暗程度的变化趋势是怎样的?
2. 普通镜面反射的影像明暗程度的变化趋势是怎样的?
3. 偏振片具有何种光学特性?
4. 为什么要使灯丝和反射面平行?
5. 在塑料片和水面的反射中，为什么偏振片旋转90°的时候，影像变得最亮?

发散思考

1. 哪些材料表面可以使非偏振光在其表面反射成偏振光?
2. 哪些材料表面不能使非偏振光在其表面反射成偏振光?
3. 光的偏振原理是什么?

光的颜色对植物生长速度的影响

我们需要呼吸氧气才能生存。而这些氧气主要来源于植物的光合作用。光合作用是指植物利用光能将二氧化碳和水等无机物合成为有机物，并放出氧气的过程。光合作用中合成的有机物是植物赖以生存的主要物质来源和全部能量来源，也是其他直接或间接依靠植物生存的生物的有机物和能量来源。地球上的植物每年通过光合作用合成近2000亿吨有机物，同时固定了3×10^{21}焦耳的太阳能，相当于人类全部能耗的10

倍。地层中埋藏的煤炭、石油和天然气就是古代植物光合作用形成的有机物演变而成的。光合作用能释放氧气，吸收二氧化碳，使大气中的氧气积累，二氧化碳含量降低。光合作用对地球演化、生物演化、现有大气环境的维持及人类的生活和生产都有非常重大的意义。

既然光能是实现光合作用的基础之一，那么，光谱范围不同的光源对植物的光合作用会有什么影响呢？下面我们就通过一个实验来观察一下，在不同颜色的灯光照射下，植物的生长速度有何区别。

·探索主题·

不同颜色的光对植物生长速度的影响

提出假说

白色的灯光最接近太阳光。那么，植物在白色灯光照射下的生长速度应该比在红色、蓝色等其他颜色的灯光照射下的生长速度快。

搜集资料

到图书馆或上网查找光合作用的相关资料。

安全提示

1. 要安全用电，以防触电和火灾。
2. 实验持续的时间较长，需要定期观察。

实验材料

1. 同一种花籽若干
2. 3 个约 10 厘米高的花盆
3. 3 个大桶（可以套住花盆）
4. 培养土若干
5. 功率相同的红、蓝、白色彩灯各一个（功率较小）、带有 3 个灯口和插座的电线 1 根
6. 可以长期避光的屋子一间
7. 直尺

· 实验设计 ·

把植物的种子种在同样的花盆里，用不同颜色的灯光照射。通过观察植物的生长情况来推断灯光颜色对植物生长速度的影响。

· 实验程序 ·

1. 每个花盆里种上5粒花籽，培养土6～8厘米深，种子埋在花土表面下约2厘米处。
2. 把花盆放到大桶里并将所有物品放在一间长期避光的房间中。
3. 每个大桶的正上方各挂一种颜色的灯泡，且3个灯泡的位置都一样；根据灯泡的颜色，在大桶上分别标注“红”“蓝”“白”，要确保每个花盆照射的灯光与其桶上标注的颜色一致且唯一。（灯光的颜色从左到右分别为红色、蓝色和白色）。
4. 每天给每个花盆浇等量的水。
5. 种子发芽后，每3天观察一次植物的生长情况，并记录植物的高度。

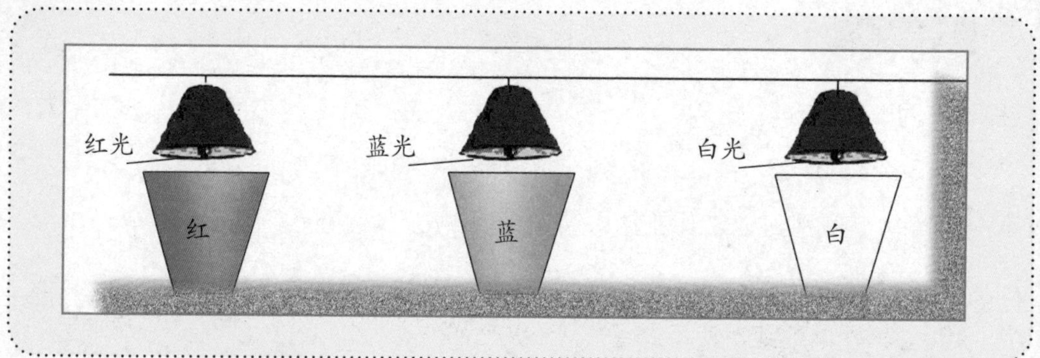

植物的生长情况

灯泡颜色 \ 植物高度 \ 观察次数	1	2	3	4	5	6	7	8	9	10
红										
蓝										
白										

分析讨论

1. 什么是光合作用?
2. 大桶的作用是什么?
3. 光的颜色对植物的生长有何影响? 为什么?

发散思考

1. 人类所需的氧气是如何获得的?
2. 光合作用的能量转化效率非常高，你认为人类能够利用光合作用来获得能源吗?

视觉范围

如果一辆车从你侧面开过来，你很快就能感觉到，好像同时也看清了它的颜色和形状，但实际上并非如此。原则上我们应该是先感觉到运动物体的存在，然后再感觉到它的颜色，最后才感觉到它的形状。这是因为我们看见一个物体是由于眼睛里的视网膜感光所致。视网膜上充满了视杆和视锥细胞，且它们主要集中在视网膜中央。视锥细胞对颜色敏感，当物体成像在视网膜边缘时，由于视锥细胞较少，我们感觉不到物体的颜色。视杆细胞对物体形状敏感，虽然分布比视锥细胞均匀，但依然难以明确感应边缘的物体形状。但是，平时我们看东西时，眼珠总是活动的，头部也是活动的，所以，我们很难感觉出这样细微的差别。

下面这个实验可以明显地展示出这种视觉范围的差别。

探索主题

视觉范围

搜集资料

到图书馆或上网查找眼睛结构、视网膜感光特点的相关资料。

提出假说

视网膜上的视杆和视锥细胞分布不均匀，造成视觉范围不同。只要保持头部和眼珠不动，感应眼前物体的运动、颜色和形状等信息时的位置应该不同，从而可以体会到视觉范围的存在。

安全提示

1. 使用剪刀时注意不要伤着自己。
2. 要注意保护眼睛。

实验材料

1. 1 块 30 厘米 × 60 厘米的硬纸板
2. 1 颗图钉
3. 铅笔
4. 剪刀
5. 长约 60 厘米的线
6. 量角器
7. 1 个小塑料杯
8. 15 块木块（长 15 厘米、宽和高均为 2.5 厘米）
9. 2.5 厘米 × 2.5 厘米的纸片若干
10. 胶水
11. 各种颜色的彩笔
12. 1 名实验同伴

·实验设计·

用硬纸板做一个平面。双眼直视前方，保持眼珠不动；观察从视野外移动进来的物体，记录眼睛感觉到有物体在运动的范围大小，分辨出物体的颜色、形状和位置情况。从而体会到视觉范围的存在。

·实验程序·

1. 把线绑在图钉上，把图钉按在纸板边缘，构成一个简单的圆规，画一个半径为30厘米的半圆。
2. 缩短线的长度，画一个半径为2厘米的同心半圆，并用剪刀剪掉多余部分（如图所示）。
3. 把图钉按在与大半圆的直径垂直的半径上，位置要靠近大半圆的边缘。
4. 把塑料杯倒过来，用胶水粘在纸板下面，作为手柄。
5. 在纸片上用彩笔画上红、黄、绿、蓝、黑等颜色的图案，图案可以为多种形状。并且分别把纸片贴在木块的侧面顶部。
6. 拿起纸板并水平放置，使鼻梁放在小半圆里，双眼直视前面的图钉。

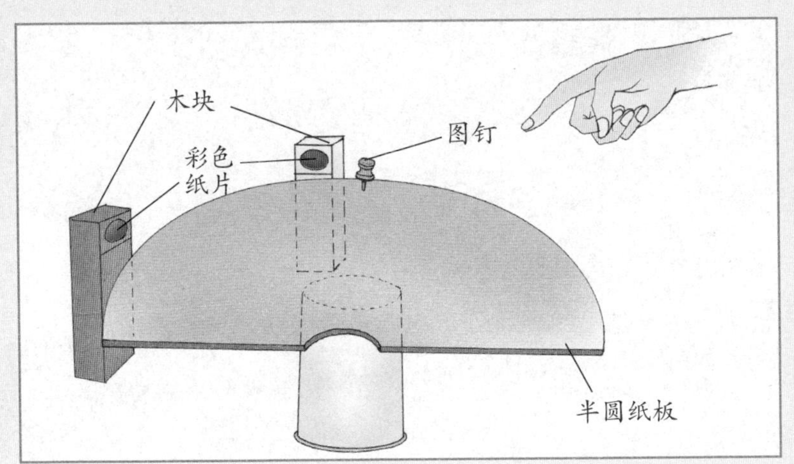

7 让同伴拿着贴有不同颜色纸片的木块，慢慢地沿半圆的弧线向中央的图钉移动，分别记录眼睛感应到有物体在运动、看清楚该物体的颜色和形状时，木块所在的半径与图钉所在的半径的夹角，并填入表中。

· 实验数据 ·

形状 \ 夹角 \ 颜色	红			黄			绿			蓝			黑		
	A	B	C	A	B	C	A	B	C	A	B	C	A	B	C
正方形															
圆　形															
三角形															

A：感知运动时的夹角　　B：感知颜色时的夹角　　C：感知形状时的夹角

分析讨论

1 感觉到有物体在运动和感觉到物体的颜色及形状的视角大小有何区别?

2 观察时，眼珠为什么不能活动? 眼珠如果动了会对实验有何影响?

发散思考

1 视网膜的感光特点是什么?

2 为什么平时感觉不到眼睛分辨物体是否运动和物体的颜色、形状时的区别?

自制测距仪

人类很早就懂得如何测量普通物体的大小、远近。随着科技的发展，人们需要测量大到宇宙中的天体，小到分子、原子等的精确距离和大小，于是就发明了五花八门的测量仪器。比如我们常在电视里看到的激光测距仪、雷达测距仪等。

下面，我们用简单的材料来制作一个简易的光学测距仪。该仪器可以方便地测量我们与目视物体的距离。

探索主题

光学测距

搜集资料

到图书馆或上网查找光的反射和几何计算的相关资料。

提出假说

光满足反射定律，其镜面反射的光路是确定的。利用几何计算，可以方便地算出目标距离，从而制作出光学测距仪。

安全提示

1. 使用刀片时要小心，不要划伤自己。
2. 镜片易碎，小心使用。
3. 实验时，须家长陪同。

实验材料

1. 小镜片两块：3 厘米 × 5 厘米
2. 硬纸板一块：5 厘米 ×10 厘米
3. 平滑的木板一块：约 30 厘米 ×8 厘米 ×1 厘米
4. 刀片
5. 直尺、圆规、铅笔、剪刀、图钉、橡皮泥、长绳

实验设计

用光滑木板做仪器基座，用两块小镜片做光具组，用纸板圆盘做调节旋钮。通过简单定标就可以制作出一台测距仪。

实验程序

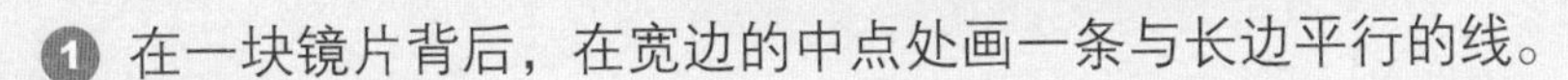
1. 在一块镜片背后，在宽边的中点处画一条与长边平行的线。

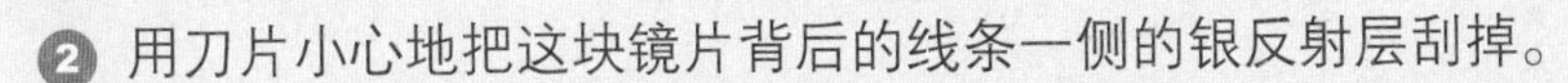
2. 用刀片小心地把这块镜片背后的线条一侧的银反射层刮掉。

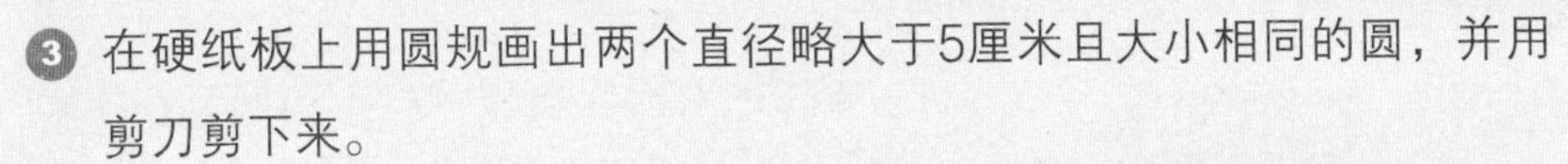
3. 在硬纸板上用圆规画出两个直径略大于5厘米且大小相同的圆，并用剪刀剪下来。
4. 在一个圆形纸板的中心剪出一条宽度和镜片厚度相同的缝来，并且在圆心处剪出一个大小和图钉帽相同的小圆圈。
5. 把一颗图钉按在未剪开的圆形纸板的中心处；把没有处理的镜片沿直径竖直立在该纸板上，用剪开的圆形纸板夹住镜片，在边缘处用橡皮泥固定。
6. 在木板一端的中线上，用一颗图钉钉出一个小孔，然后把图钉拔出来。
7. 把纸板上的图钉对准小孔钉在木板上，此时整个纸板和镜片可以方便地旋转。然后在木板上靠近纸板圆盘的地方画一个指示箭头。
8. 在木板的另外一端，将处理过的镜片与木板长边呈45°夹角竖直立起来。
9. 让镜片带反射层的一边在上方，且对着另外一端的镜片，然后用橡皮泥固定在木板上。

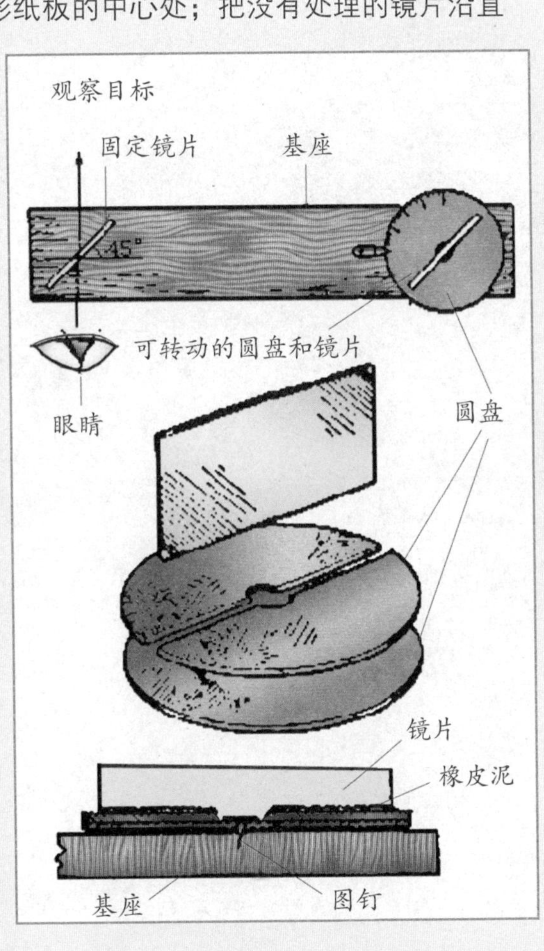

这样测距仪就制作成功了。其使用方法是：眼睛位置如上页图所示，把基座水平放置；透过透明镜片观察一个5米远的目标，然后旋转纸板圆盘，同时观察上方镜面里的像，当目标的像和透过透明镜片看到的目标叠在一起的时候，在圆盘上箭头指示的地方记下5米。

10. 同样的，选两个距离分别30米和55米远的目标，当像和目标叠在一起的时候，分别记录下30米和55米的位置。
11. 均分各刻度之间的部分，然后用同样的方法使需要测量的目标和它的像叠在一起，就可以从刻度上读出目标的距离了。
12. 利用该测距仪分别测量位于近、较近、远三处的目标的距离。

·实验数据·

目　标	距　离
近　处	
较近处	
远　处	

分析讨论

1. 该测距仪的光学原理是什么？
2. 请画出目标成像的光路图。
3. 两个圆形纸盘的作用是什么？
4. 为什么处理过的镜片要呈45°角摆放？

发散思考

1. 刻度盘的这种标识方法准确吗？
2. 科学家是怎样测量地球到月球之间的距离的？
3. 长度测量的方法一般有哪些？